普天間・辺野古 歪められた二〇年

宮城大蔵 Miyagi Taizo
渡辺 豪 Watanabe Tsuyoshi

a pilot of wisdom

目次

終章　「歪められた二〇年」

扉デザイン、図版作成／MOTHER

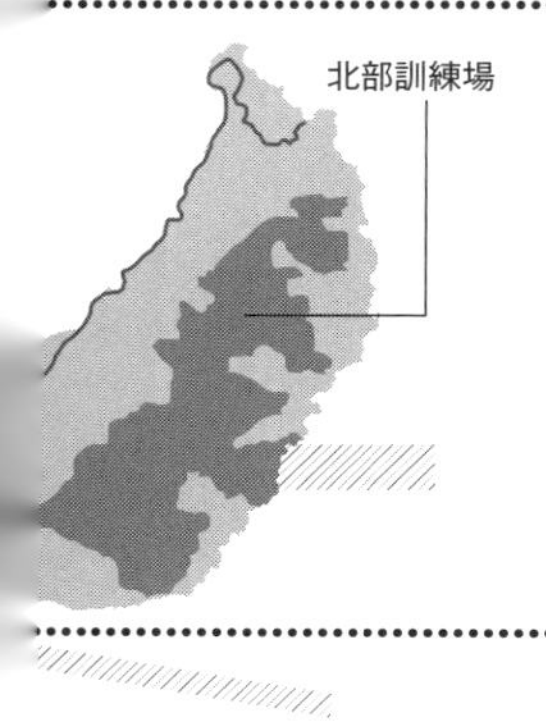

●辺野古代替施設案の変遷

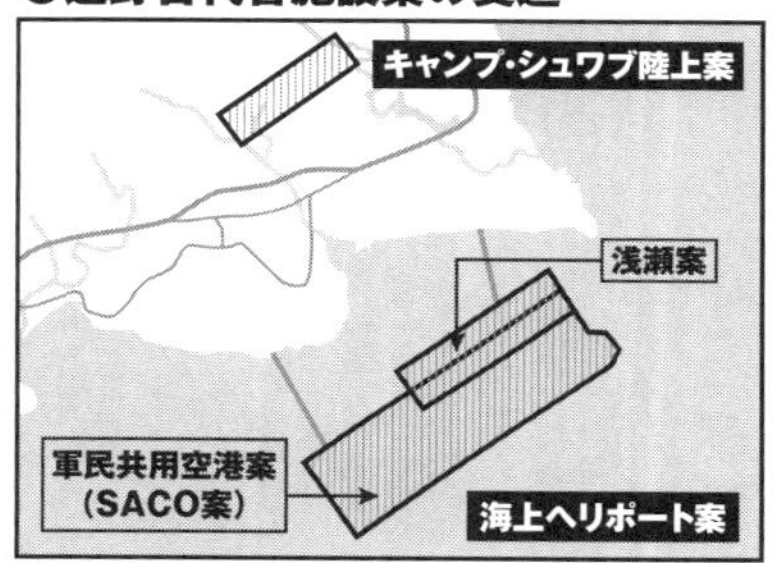

●沿岸案の変遷

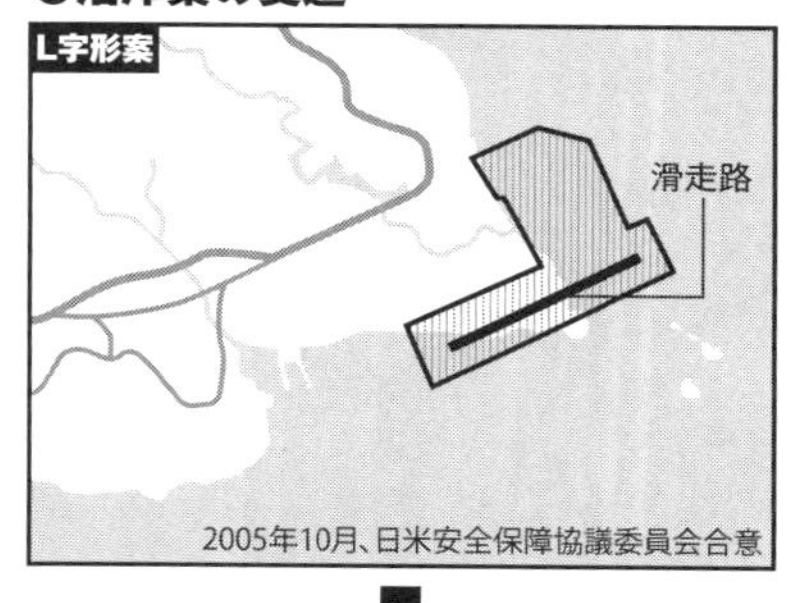

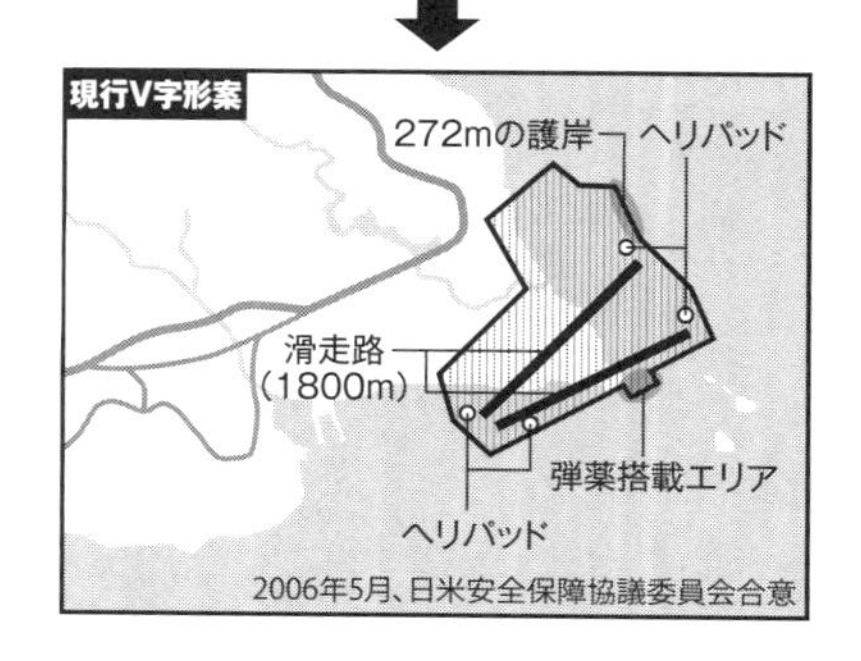

関連地図　沖縄の主要米軍基地の現状

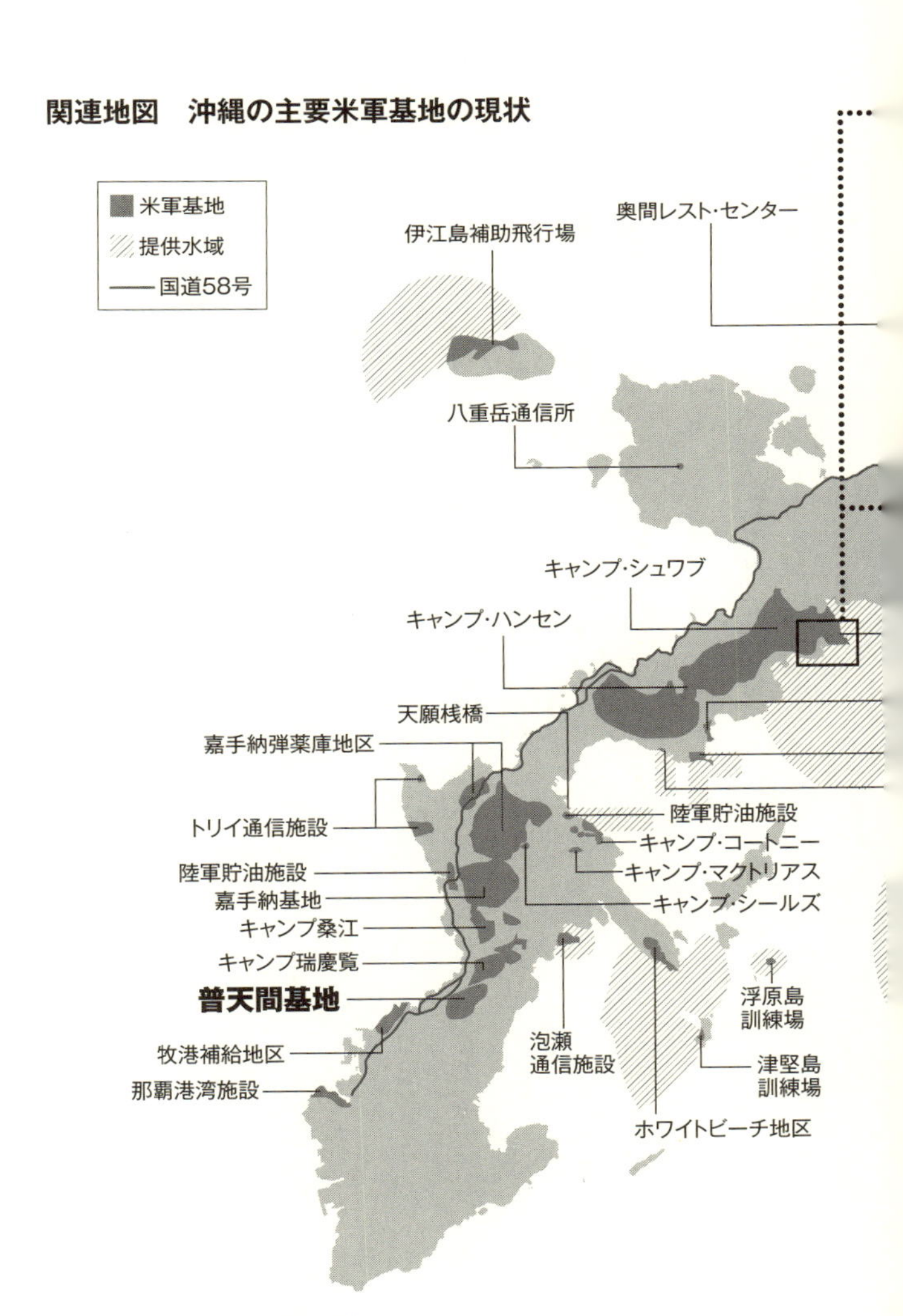

＊高橋哲哉『沖縄の米軍基地』（集英社新書）、
「琉球新報（web版）」2009年10月25日「移設経緯（1）〈辺野古〉使用期限15年消滅　V字滑走路に規模拡大」
を元に編集部にて独自に作成

はじめに

渡辺　豪

　沖縄の「普天間（ふてんま）・辺野古（へのこ）問題」に関しては、研究者やジャーナリストのほか、交渉当事者だった政府・行政関係者を含む多様な立場の人々がさまざまな角度から執筆し、著書として世に問うてきたのはあらためて指摘するまでもない。しかしそのほとんどが、それぞれがかかわった特定の局面や時期に絞って内実を描写、分析しているのが実情といえる。

　無理もない。「普天間」をめぐってはこの二〇年間で、一〇人（一一代）にわたる日本の首相と、四人の沖縄県知事、そして三人のアメリカ大統領にまたがって課題が引き継がれ、なおも「解決」には至っていない。この間、交渉担当者や担当記者の顔ぶれもめまぐるしく入れ替わってきた。

　一九九六年四月に橋本龍太郎首相とモンデール駐日米大使によって劇的に打ち上げられた「普天間返還」発表時には、まさか二〇年の歳月を超えて日米間の懸案でありつづけるとは、誰も予想し得なかったのではなかろうか。この二〇年間を通観することで浮かんでくる問題の本質を問うてみたい、というのが本書の執筆動機である。

本書の「歪（ゆが）められた」というタイトルにはさまざまな意味が込められている。一義的には、普天間返還合意当初、「代替施設」として想定されていた「ヘリポート」が、海上施設案を経て、普天間基地にはない港湾設備も付帯する長さ一八〇〇メートルの滑走路二本からなる巨大な「現行案」へと変貌を遂げた（歪められた）のはいかなる理由によるのか、という問題提起である。

この謎解きは、一九九五年九月の沖縄の米海兵隊員らによる少女暴行事件に端を発する沖縄県民の憤りに接し、「沖縄の負担軽減」の目玉として日米合意したはずの普天間返還が、辺野古の海を埋め立てる「移設」問題へとすり替えられ、沖縄の民意を切り捨ててでも何が何でも「新基地建設」を強行する、という明らかに倒錯した現政権のスタンスはいかにして醸成されたのか、という現在進行中の政治問題に直結する。

普天間・辺野古問題をめぐっては、露骨な利益誘導で民意の分断を図る政治手法や、米海兵隊の「抑止力」をめぐる虚構が流布されることによって本質が歪められた結果、沖縄と日本本土の関係そのものが歪められた、といってもよい状況が生じている。このことは、沖縄県と政府という行政機関の間の軋轢にとどまらない、日本社会の分裂の危機に連なる要素をはらんでいる、との強い懸念が本書の底意にはある。

本書は一~四章と終章で構成している。一~四章はそれぞれ橋本政権、小泉政権、鳩山政権、安倍政権（第二次）における普天間・辺野古問題への取り組みを軸に展開した。各章を通じて、普天間基地の「移設」をめぐる日米と沖縄の動きを中心に据えつつ、国内政治の流れや日米同盟をめぐる政治駆け引きの実相についても独自の視点で掘り下げることに留意した。たとえば、鮮やかな政治主導とされた橋本首相の普天間返還合意の内実や、沖縄国際大学への米軍ヘリ墜落事故が「辺野古移設」に及ぼした影響、鳩山由紀夫首相に対する評価などは、日本社会で広く認識されている見方とは別角度で切り取っている。また、冷戦後の日米安保再定義に始まる日米政府の戦略的意図を、普天間・辺野古問題に絡む必須の補助線として刻んでいる。

終章ではこれらを総括した上で、政府が「唯一の選択肢」としている普天間基地の辺野古移設という政策が抱える不合理性とリスクを提示し、「辺野古新基地建設なき普天間問題の解決」がこれからの日本政治の「試金石」となることを論述した。多忙で時間のない人には終章だけでも読んでいただきたい、と考えている。

共著者の経歴について簡単に触れさせていただく。現在、上智大学に勤務する宮城大蔵は、国際政治史や日本外交史を専門としており、ここ数年は冷戦後日本外交を研究対象とする中で、「普天間問題」の実相にもアプローチを試みてきた。NHK記者として沖縄などに勤務後、大学院に進学して研究者の道に転じた経歴がある。

もう一人の著者である渡辺豪は、毎日新聞記者として日本本土で勤務していた一九九五年当時におきた沖縄の少女暴行事件を契機に基地問題に関心を抱き、九八年に地元紙「沖縄タイムス」に転職した。記者や論説委員を務めた後、二〇一五年三月からフリージャーナリストとして活動している。

本書は、異なる立場と視座で普天間・辺野古問題に向き合ってきた両著者が、それぞれの調査・取材の成果を総結集して構成した。ファクトやディテールにこだわる一方、より多くの読者に理解を深めてもらえるよう、できる限り枝葉を削った上で、根幹となる事象の背景を丁寧にすくい取ったつもりである。筆者（渡辺）にとって宮城との共同作業は、欠けていたピースを埋めていくような刺激と充実感を伴う感慨もあった。沖縄と本土、保守とリベラルといった枠を超えて、より幅広い層に普天間・辺野古にかかわる問題への理解にあらためて目を向けてもらう契機になれば、と願っている。

本書は起案者でもある宮城の力量に多分に依存したとはいえ、筆者の沖縄での取材の集大成といってよい著作であると自負している。人生を傾けてきたといっても過言ではない、「普天間・辺野古問題」の最も重大な局面で、この共著を世に送り出すことができるのは僥倖（ぎょうこう）と受け止めている。

第一章

橋本龍太郎の「賭け」と「代償」

1995年10月21日、米兵による少女暴行事件に抗議する沖縄県民総決起大会では、
8万5000人の参加者が宜野湾市の会場を埋めた（写真提供：朝日新聞社）

「少女暴行事件」の衝撃

一九九五年一〇月二一日午後二時、沖縄本島中部、宜野湾市の海辺に隣接する広大な公園を、押し殺したような熱気で覆われた無数の人々が埋め尽くした。その前月に沖縄本島北部でおきた米海兵隊員ら三人による少女暴行事件に抗議する「県民総決起大会」が始まろうとしていた。主催者は五万人の参加を見込んだが、実際には八万五〇〇〇人（主催者発表。このほかに宮古、八重山など県内各地でも同時開催）、県民の一五人に一人という本土復帰以降最大規模の県民大会となった。

子連れの女性の姿も目立つ中、この大会を象徴することになる一人の女子高生が壇上に立った。「私たちに静かな沖縄を返して下さい。軍隊のない、悲劇のない、平和な島を返して下さい」。普天間高校三年生、仲村清子が透き通った声で切々と訴えかける言葉に、会場は静まりかえった。高校で演劇部に所属する仲村は、演劇部顧問でもある担任に「今の思いを発表してみないか」と声をかけられて「思っていることを言わなければ、何も変わらない」と応じ、友人に相談しながら三日間かけて書き上げた訴えであった。[*1]

それから二〇年、宜野湾市の米軍普天間基地近隣に住む仲村は、「基地問題はずっと『辺野古に移すか否か』に明け暮れた感じがする。なぜこうなってしまったのか」、疑問を抱きつづけていると胸の内を語る。[*2]

なぜこうなってしまったのか——それこそが、本書がこの二〇年を「歪められた二〇年」と見なす理由なのだが、この「二〇年」の端緒となったのが、一九九五年九月四日におきた少女暴行事件であった。

事件発覚直後に沖縄県警は緊急配備を敷き、レンタカーなどから米海兵隊員ら三人の身元を割り出した。県警は、基地内に逃げ込んだ三人の身柄引き渡しを要求したが、米軍当局は応じなかった。日米地位協定によって、米軍人とその家族が犯罪に関与した場合、日本側が容疑事実を固めて起訴するまで、その身柄は米軍当局が拘束すると定められている。結局このときも県警の捜査官が基地内に出向き、米軍側が拘束した容疑者三人を取り調べることになった。

地元紙の「琉球新報」は発生直後に事件の概要を把握したものの、警察を通じ、「報道を控えて欲しい」という家族の意向も伝えられていた。結局同紙は逮捕状が出るのを待って、比較的小さな扱いで報じ、もう一つの県内有力紙「沖縄タイムス」は、この段階での報道を見送った。

しかし、事件が沖縄の人々に与えた衝撃は大きかった。事件の一報が流れた際、基地が集中する沖縄本島中部で取材にあたっていた地元記者は、通常の基地がらみの事件事故とはまったく異なる空気が充満していることに気付いたという。別件の集会で司会を務めていた女性が「犠牲になった女の子のことを思うと……」と感情を抑えきれずに壇上で嗚咽(おえつ)し、日頃は基地との「共存共栄」を唱える保守系の議員は記者の腕を摑(つか)んで離さず、基地と隣り合わせで戦場帰りの兵士が住宅地を徘徊(はいかい)する環境の中、女性や子どもが性犯罪に怯(おび)えながら「共存」して来ざるを得なかった悲哀を、尽きることなく語り続けた。[*3]

繰り返される悲劇

しかも類似した事件は、本土復帰前の米軍統治時代から繰り返されてきた歴史があった。その一つ、一九五五年におきた「由美子ちゃん事件」では、沖縄本島中部の石川市（現うるま市）で、六歳の幼稚園児が米軍人に性的暴行を加えられた上で惨殺、遺体は遺棄された。犯人の米軍人は逮捕され、軍法会議で死刑判決が言い渡されたものの四五年間の重労働に減刑され、さらに米本国に送還後は沙汰止みになった。この事件に対する憤りは、翌年に本格化する、アメリカによる強権的な土地接収に対する抵抗運動、「島ぐるみ闘争」にも繋がったと言われる。*4

一九九五年の少女暴行事件がおきたのは「由美子ちゃん事件」からちょうど四〇年後の九月、四〇年前の悲劇とわずか一日違いであった。沖縄の一定以上の年齢層は少女暴行事件に、ほぼ一様に「由美子ちゃん事件」の悲劇を思い起こしたという。「事件を聞いた時には、戦後米軍がおこしたさまざまな事件が走馬灯のように頭を横切った。戦後の沖縄体験を一挙にあぶり出すような事件であったと思う*5」（比屋根照夫琉球大教授）。

「由美子ちゃん事件」の後も米軍に絡む悲劇は続いた。それから四年後の一九五九年六月三〇日、「由美子ちゃん事件」と同じ石川市で米軍のジェット戦闘機が墜落し（後年、整備不良が原因と判明）、パイロットは脱出に成功したものの、無人となった機体は民家と宮森小学校を直撃し、ミルク給食中だった小学生一一人を含む一七人が死亡、負傷者二〇〇人以上を出す大惨事を引き起こした。

長らくベトナム戦争遂行の拠点となり、軍事が優先された米軍統治下の沖縄において、基地関連の事件事故はまさに日常茶飯事であった。しかし地元の琉球警察は基地内に逃げ込んだ容疑者に手が出せない。米軍当局に委ねられた裁判でも、沖縄の人々が賠償を受けられるケースは希であり、「異民族支配」の下、沖縄の人々の立場は極めて弱いものであった。「土地が自分たちのものでなく、法も自分たちで決められず、島からは自由に出られない。まさに異民族が支配する監獄だった。その支配を打ち破るために、祖国復帰運動が始まった」[*6]（我部政男元琉球大学教授・山梨学院大学教授）。

少女暴行事件は、アメリカ政府にとっても衝撃であった。当時駐日大使だったモンデールは「身の毛のよだつような残酷なことで、少女に申し訳ない気持ちになった」「デモの人たちが東京にある私のオフィスの外にもいたことを覚えている。私はとても取り乱した」と振り返る。[*7]アメリカ政府内では深い遺憾の意を表すため、クリントン大統領夫人のヒラリーを沖縄に派遣するといった案も浮上した。

アメリカ側がさまざまなレベルで謝罪を繰り返したのに対して、日本政府の対応は、沖縄の声が日米地位協定の見直し要求に突き進むのを抑えることに主眼がおかれた形となった。

暴行事件後に大田昌秀沖縄県知事が上京した際、外務大臣は年来のハト派として知られた河野洋平であったが、河野は「県民の気持ちは心から共有したい。政府も重要な問題と受け止めている」と述べたものの、力点がおかれたのは「日米関係やアジア太平洋地域の平和安定に安保が果たす役割も広く考えねばならない。この問題で（日米地位協定の）見直しうんぬんを言うのは、議論が先走りすぎている」という牽制であった。後に大田県政と政府とのパイプ役となる沖縄県の吉元政矩副知事も、「日本政府は河野外務大臣の発言以降、何もなかったんですよ。もちろん後では国会を通じて村山（富市）総理は謝りましたけれどね。これは県民感情が許さないですよ」と振り返る。[*8]

この認識のズレについては、沖縄地元紙の以下の指摘に尽きるであろう。「日米両政府は今回の事件を『一部の不心得な米兵が起こした不幸な事件』ととらえたが、沖縄県民は『戦後五十年繰り返され、米軍基地ある限り続く悲劇の一つ』ととらえた。そこに『温度差』『認識のズレ』がある」[*9]

河野との会談を終えた大田は外務大臣室を出ると、同行した県幹部に「もうやる以外ないな」と漏らした[*10]。大田が米軍用地の使用に関わる代理署名拒否を決意した一言であり、やがてそれは日米安保体制を足元から揺るがすことになる。

「代理署名拒否」とは何か

「代理署名」とは何か。端的にいえば米軍用地への提供を拒む地主に代わって、県知事が代理で署名を行って、民有地の強制使用を可能にする手続きである。

日米安保体制ではアメリカが日本の防衛義務を負い、日本は米軍に基地提供の義務を負う。そのため駐留軍用地特措法が一九五二年に制定され、国は日本国内でのいかなる土地でも必要に応じて有償で収用し、在日米軍に提供できるとされた。しかし日本本土の米軍基地は、戦前の旧軍基地を接収した国有地がほとんどを占めていたため、同法が適用されるケースは限られていた。

その数少ない適用例が、東京・多摩の米軍立川飛行場の拡張計画であり、これに反対して「砂川闘争」がおきた。一九五〇年代半ばに始まった反対運動は、時に一〇〇〇人を越す負傷者を出す激しいものとなり、難航した末に、結局一九六八年に米軍が拡張計画の中止を日本政府に伝達したことでようやく幕引きを迎えた。

一方で沖縄は、日本が主権を回復したサンフランシスコ講和条約の発効（一九五二年四月二八日）によって日本本土と切り離された。引きつづき米軍統治下におかれることになった沖縄では、多くの民有地を接収して大規模な米軍基地の拡張が実行された。その背景の一つは、日本本土各地での激しい反基地運動が日米安保体制そのものを不安定化させかねないと危惧（きぐ）したアメリカ政府が一九五〇年代半ば、日本本土から米陸軍と海兵隊の撤収を決めたことであった。岐阜や静岡などに駐屯していた米海兵隊をはじめ、その少なからぬ部分は当時、米軍が「フリーハンド」を握っていた沖縄へ移駐した。

今日、在日米軍専用施設の七四%が沖縄に集中していることが知られるが、一九五二年時点では九割近くが本土に存在していた。それが一九六〇年には本土の基地の割合は五〇%にまで低下する。[*11] 海兵隊を沖縄に移駐した理由についてアメリカの海兵隊史専門家は、土地の賃借料など沖縄の「コスト」が安く抑えられていたことと並んで、米陸上兵力が日本国民から「占領軍」と見られないように「日本の一般市民から部隊を〝隔離〟すること。そのためには日本本土より沖縄の方がやりやすいのは明らかでした」と語る。[*12] 結果としてそれは功を奏したというべきであろう。日本本土の多くの国民にとって、米軍基地問題は身近なものではなくなっていった。

本土とは異なり、日本国憲法の効力が及ばず米軍が実権を握る沖縄での基地拡張は、「銃剣とブルドーザー」と言われた力ずくの強制接収を厭わないものであった。「手を合わせて歎願する農民に暴行を加え、荒縄でしばり、その上から、毛布でまきつけて金網の中に豚のように放りこみ……家に火をつけて焼き、又はブルトーザで破壊して立退かし、畑のまわりに金網を張りめぐらして、核模擬爆弾の演習基地に使いました[*13]」(伊江島での様子)、「海岸に居った大型の浚渫船からリーフを打ち砕いた土砂を大きいパイプからあの美田に流し込んで埋め立てを始めた。(中略)土地が殺されたのだ、あれだけ多くの利益を上げた農地はもう永久に失われたのだという悲嘆が心の奥深くしみ通っていった[*14]」(宜野湾村での様子)。

また収用された土地への軍用地料について、アメリカ当局は当初、地代増額などの「コスト」を低減するため、低額による一括支払い方針をとった。このことに対する猛烈な抗議が、一九五〇年代半ばの沖縄を揺るがす「島ぐるみ闘争」となる。沖縄における基地問題とはすなわち、土地をめぐる問題でもあった。

やがて一九七二年に沖縄が本土復帰をすると、民有地が多くを占める沖縄の米軍基地の軍用地維持が大きな問題となった。日本政府は軍用地への提供を拒む地主に対して、公用地暫定使用法の制定や地籍明確化法など臨時的な法的措置を講じて収用を継続したがそれも限界に達し、一九八二年、駐留軍用地特措法の沖縄に対する適用に踏み切った。

同法に基づいて軍用地としての継続使用を行う場合、使用決裁の一部として県知事が代理署名を行う。折しも大田が知事在職中の一九九六―九七年には契約拒否地主だけでなく、一般の契約地主も多くが契約を切り替える重要な局面を迎えようとしていた。大田はこの代理署名を拒否することによって、政府に対して沖縄の基地問題に真正面から取り組むよう迫ろうとしたのであった。

拒否の発端――「米軍一〇万人体制」

少女暴行事件によって噴き出した沖縄の憤りに押されて、大田知事は代理署名拒否に踏み込んだ――。大田の判断をこのように、いささかポピュリズム的な情動と捉える見方は、中央官庁など「政策決定サークル」に多いが、それは正確なものとは言えない。

「後になって、代理署名を拒否したのは、少女暴行事件がきっかけだった、というマスコミの解説をしばしば目にすることがあった。それは事実に反する」[*15]（大田）。「一九九五年の夏、私は大田知事から、『代理署名はしない』と聞かされた。『これは最高裁まで行きますよ』と念を押したが、決意は固かった……その後、少女（暴行）事件が起きたために、沖縄は怒って代理署名を拒否したかのようにいわれたが、実際は違う」[*16]（吉元副知事）。

代理署名拒否に踏み切れば、吉元が大田に念押ししたように、国と最高裁まで争うことが予想され、予算獲得など県政運営上、大きなリスクを孕むことになる。そうした覚悟も辞さずに大田が決断に踏み切った意図は何であったのか。

大田が代理署名拒否を考え始めたきっかけは、一九九五年春にアメリカ政府が公表した『東アジア戦略報告』であった。通称、「ナイ・レポート」と呼ばれたこの報告書は、国際政治学者として名高いハーバード大学のジョセフ・ナイ教授が国防総省の次官補を務めていた際、冷戦後のアジア太平洋における米軍の戦略を展望したもので、アジア太平洋における米軍一〇万人体制の維持を打ち出していた。

今日からはもはや想像しづらいが、米ソ冷戦終焉後、世界的に語られたのは「平和の配当」であり、アメリカもブッシュ（父）政権の下、海外に展開する米軍の大幅削減に乗り出していた。アジア太平洋でも駐留米軍は一九九〇年の一三・五万人から九四年には一〇万人に減っており、さらに九万人まで削減される予定であった。これは主に「平和の配当」を求めるアメリカ議会に向けて、「ここまで引ける」と先手を打って説明することで、更なる大幅削減を回避する狙いであったが、結果的にアジア諸国の間で、アメリカは撤退していくという見方を広めた面は否めなかった。

このような見方を変える必要があると考えたのが、クリントン政権のペリー国防長官とナイ次官補であった。「アメリカは世界で同時に二つの大きな地域紛争（念頭におかれたのは朝鮮半島とペルシャ湾岸）に対処できる海外兵力を維持しなければならない」と考える彼らは「一〇万人」という具体的数字を示すことで、アジア諸国に対してアメリカがこの地域に関与し続けるという決意を示そうとしたのだった。

しかし学者時代からアメリカ政府資料の収集・分析に注力してきた大田にとって、「ナイ・レポート」はアメリカの世界戦略という視点とはまったく異なる意味で強い衝撃を放つものであった。「予見しうる将来にわたって、アジア太平洋における米軍の一〇万人体制を維持する」という同報告の内容によって、日本政府の安全保障政策が縛られるとなれば、「予見しうる将来にわたって」沖縄の基地が本格的に整理・縮小される可能性も潰える。「ナイ氏は、自らが策定する政策によって百三十万近くの沖縄の人々がどのような影響を受けるのか、一顧だにしなかったのではなかろうか、と思わないわけにいかなかった」と憤る大田は、「これまで以上に強く異議を申し立てない限り、基地問題の解決を促進することはできない」と危機感を強め、代理署名拒否に傾いていく。*17

このように大田の代理署名拒否は、少女暴行事件という突発的かつ不幸な事件の衝撃によるものというより、冷戦終結に伴う「平和の配当」を沖縄から求めるという、より構造的な問題提起だったのである。

「平和の配当」の希求

大田が代理署名拒否の決意を固めたのは、これが「二度目」であったことも大きい。大田は沖縄師範学校在学中に、一四歳以上の少年を事実上、学校ごとに召集した学徒隊である鉄血勤皇師範隊の一員となったが、同期一二五人のうち、沖縄戦を生き延びたのはわずか三七人であった。「敗戦後、沖縄の人口の三分の一近くが戦争の犠牲になったのを知った時、私は、言葉を失い、身も心もボロボロになってしまった。私たちは何のために命を賭して戦ったのだろうか」「なぜこういう忌まわしい事態が生じたのか、余生をその解明に当てねばなるまいと真底から心に誓った」[*18]（大田）。戦後、東京やアメリカで学んだ大田は琉球大学教授となり、沖縄戦の研究に打ち込んだ。社会党や共産党の推薦で沖縄県知事に当選したのは一九九〇年のことである。

知事就任から間もない一九九一年、大田が直面したのが、やはり軍用地の使用継続に関わる手続きである公告・縦覧代行であった。大田はこのとき、支持勢力からの批判を浴びながらも苦慮の末に代行に応じるが、そこには二人の人物の助言があった。

一人はかつて東京都知事の美濃部亮吉に特別秘書として仕えた岩波書店の安江良介社長である。安江は懇意であった大田に、「スタート時点で政府と対立してつまずくのは、よくない……必ず次の機会がある」と助言した。もう一人は、防衛族として知られた元防衛庁長官の山崎拓である。大田によれば山崎は、「対米関係もあるので、今回は、ぜひ公告・縦覧代行に応じてほしい。政府は今後、沖縄問題についてきちんと取り組むつもりだ」と大田を説得した。[19]

こうして代行応諾に踏み切ったものの、大田からすればその後、政府が沖縄の基地縮小に本腰を入れることは結局なかった。そこに再びめぐってきた軍用地継続使用の手続きである。さらに予見しうる将来にわたる「一〇万人体制」。大田は代理署名拒否の決意を固め、県庁内では、国を相手とした裁判になった場合のシナリオや、国との対立によって予算が削減された際の対応が検討された。[20]

このような大田の対応を、社共など革新勢力を基盤にした知事であったことにのみ帰すのは、必ずしも適切ではなかろう。大田が一九九〇年の知事選で下した西銘(にしめ)順治は、自民党代議士から転じて三期にわたって県知事を務めた戦後沖縄における「保守のドン」で、「沖縄の基地は日米安保のかなめ。国家の安全にとっての必要悪だ」と述べていた。しかしその西銘ですら、「(本土では沖縄に)巨大な米軍基地が存在することすら、何人が知っているか。その負担の重さを国民はわかってほしい。県政の苦労もそこにある」と苦悩を吐露していた。[21]西銘は知事在任中の一九八五年と八八年に訪米し、二度とも普天間基地返還を要請したが、日米両政府は「今後引き続き検討する」との表現で受け流していた。[22]

沖縄の保守と革新陣営との間で、前者は「経済振興」、後者は「基地問題」をより重視したという濃淡はあるものの、基地縮小を望む点は保革に共通していたのである。[23]

そして冷戦後、「平和の配当」を封じるような「米軍一〇万人体制」を前に、大田が代理署名拒否という非常手段に訴える決意を固めた時、少女暴行事件によって噴出した沖縄の憤りが大田の決断の「追い風」となったことは確かである。なにせ事は国との全面対決である。「もし少女（暴行）事件と県民総決起集会がなかったら、（代理署名拒否に対して）あれだけ広範囲な県民の支持を得られたかどうかは分からない。少女事件で、県庁の事務方もが一丸となって拒否を後押しできる状態になった」[24]（吉元副知事）。

一九九五年九月下旬、大田は県議会で正式に代理署名拒否を表明した。これによって国は、知事が勧告や命令にも応じない場合、知事を裁判所に訴えて法的義務を問わなければ米軍用地の契約を維持できなくなる事態に直面した。こうした中、なかなか法的手続きに踏み切らない村山富市首相に対して、防衛施設庁長官の宝珠山（ほうしゆやま）昇が「首相の頭が悪いからこうなる」と発言して更迭されるといった混乱も生じた。結局村山政権は同年一二月、大田知事を相手取って職務の執行命令を求める行政訴訟に踏み切った。

しかし軍用地を継続使用するためには、裁判所の判決が出た後も、沖縄県収用委員会の裁決や、強制使用裁決申請書の公告・縦覧を県や関係市町村に求めるといった複雑な手続きが必要となる。

沖縄で米軍基地に供されている土地の一部は翌年三月に使用期限切れを迎えることになっており、この時点ですでに間に合わない可能性が高かった。堅牢（けんろう）な日米安保体制を足元で支える沖縄の米軍基地が「不法占拠化」するという緊迫した事態が、現実味を帯びつつあった。

「電撃的な」普天間返還合意

一九九六年四月一二日、「日本経済新聞」は朝刊一面の大見出しで「普天間基地、五年内返還」と報じた。日米両政府が同基地の返還で基本的合意に達したと、「日米関係筋」が一一日に明かしたという電撃的なスクープ記事であった。他紙も一斉に後追い報道に走り、「日経新聞」はこの記事で同年度の日本新聞協会賞を受賞した。

この報道を受ける形で、橋本龍太郎首相とモンデール大使は首相官邸での会談後、同日夜に記者会見を開き、普天間基地について「五―七年以内に日本に全面返還することで日米が正式合意した」と発表した。併せて発表された内容は、①既存の沖縄の米軍基地内に「ヘリポート」を新設すること、②嘉手納基地に追加施設を整備し、普天間の機能の一部を移すこと、③普天間の空中給油機を岩国基地（山口県）に移し、岩国からはハリアー攻撃機を米本土に移転することなどであった。

その後に焦点となる「代替施設」について、この発表の時点ではせいぜい「ヘリポート」であって、長さ一八〇〇メートルの滑走路二本に加え、港湾施設も付帯する二〇一六年時点の「現行案」とは、およそ異なるものであることに留意しなくてはならない。

それまで、普天間返還は困難だという「日米関係筋」からの情報に基づいた報道が相次いでいただけに、「スクープ」とそれに続く返還合意発表は最大級のサプライズとして、また「政治主導」の劇的な成果だと受け止められた。

四月一二日の前述の記者会見に先立って、橋本首相は同日、大田知事に電話をかけ、「普天間返還」を告げた。船橋洋一著『同盟漂流』は、首相官邸での場面を次のように再現する。以下、すべて橋本による発言である。「普天間の返還を獲得しました。ただ、県内の基地内移転です。受け入れてくれますか」「喜んでいただけますか」「いいですね」「じゃ、いまここにモンデール大使がいらっしゃるので、代わります。知事は米国留学の経験もあるし、英語もうまいから、お礼を言って下さい」。モンデールが電話の向こうの大田と一言、二言、言葉を交わした後、橋本は「大田知事に喜んで頂いた」「ご承諾頂いた」と宣言するように言った。[*25]

上記の電話に先立って、この日、橋本は大田にもう一本電話をかけている。やはり『同盟漂流』によれば以下のようなものであった。「総理からの電話です」と秘書が告げて大田が受話器をとると、橋本が次のように告げた。

「普天間返還が出来るかもしれません。いまからモンデール大使との会談が予定されています。そこで最終的に詰めることになっています……県内移設ということを了解してもらいたいのです。そこを協力していただきたい」

大田が急なことに驚きつつ「可能なかぎり協力いたします。ただ、中身がわかりませんし、協力といっても、できることとできないことがあります」と言うと、橋本は「いや、もうすぐモンデールさんが見える。ボクは日本政府を代表してモンデールさんと話をつける。その移設については、取り外し可能なものを作ることを考えています」。

大田が「そうはおっしゃっても、その中身も知りませんし、これは重要なことですから、いつもやっている三役会議とかそういうところに諮って態度を決めたいと思います」と慎重姿勢を見せると、橋本はムッとした様子で「ボクだって、連立政権を組んでいるのに、どこにも諮らないで、今すぐ決定ということでやっているんです。知事もそうしていただきたい」と言うと、大田は「いや、お言葉を返すようですが、うちとしては協力できることと、協力できないことがあります」。橋本は「終わり次第、また電話しますから」と言って切った。橋本は来訪したモンデールとの会談に臨み、そしてモンデール同席のまま大田に対して「喜んでいただけますか」「いいですね」と述べた先述の二度目の電話をかけたのである。[*26]

官邸での同席者によれば、橋本がモンデールに受話器を渡したところ、「不意を食らった大使が、顔を紅潮させ、大田知事と英語で話をしていたのが大変印象的だった」[*27]（秋山昌廣(まさひろ)防衛庁防衛局長）。

橋本は大田知事のほか、元首相の中曽根康弘にも電話で返還合意を伝えた。官僚トップである官房副長官の古川貞二郎はその夜の総理執務室での橋本との会話を次のように振り返る。「『これが政治だというのをみせていただきました』と申し上げると、総理は嬉しそうに笑いながら『それはお世辞だ』と。『政治だ』『お世辞だ』との掛け合いは、鮮やかなシーンとして今も心に深く残っている[*28]」。

問題の起点・食い違う回顧

歴史に残る鮮やかな政治主導と見えるこの日の出来事だが、「普天間返還」を大田知事に伝える場面、すなわち今日に至る「普天間・辺野古問題」の起点ともいうべき場面については、実はいくつかの異なる記録がある。

まず橋本首相本人による口述の回顧である。「大田知事に（普天間返還を伝える）電話をしたときに私が横にいて、大田さんにモンデールさんが『県内移設を前提として』というのを繰り返しキチンと言っておられて、大田さんがそれに対しても否定をせずに『ありがとう』という返事をしておられたことだけは事実なんです[*29]」

この橋本の回顧では、大田に「県内移設」を伝えたのはモンデールということになっている。[*30] しかし、「県内移設」は後述するように、沖縄では「基地転がし」と受け止められ、「普天間返還」の評価が一挙に暗転しかねない最大の難問である。そのような「悪役」を、モンデール大使が脇に立つ当の日本国首相を差し置いて、自ら買って出るだろうか。この点、橋本の没後に『橋本龍太郎外交回顧録』を編纂（へんさん）するにあたって、筆者（宮城）は同回顧録の編者の一人として、直接モンデールにメールでのインタビューを試みたが、回答を得ることはできなかった。

しかしその後、二〇一五年一一月になって、モンデールは少女暴行事件から二〇年の節目を迎えたことを機に、「琉球新報」のインタビューを受けている。このインタビューでモンデールは、「普天間の撤退は代替施設を見つけるのが条件だった。私たちは沖縄、辺野古だと言っていない」と、事実上、橋本の「県内移設を前提として」という「証言」を否定している。そして「沖縄も候補の一つである。基地をどこに配置するのかを決めるのは日本でなければならない」「彼ら（日本政府）が別の場所に置くと決めれば、私たちの政府は、それを受け入れるだろう」と述べる。[*31]

一方で大田の回顧は次の通りである。まず一度目の橋本直々の電話で普天間返還を告げられた。大田にとっては青天の霹靂であった。「返していただくのは大変有り難いです。ただ代替施設ということになると、重要なことですので三役会議などに図る手続きが必要です。私の一存では……」と言い淀む大田を遮って、橋本は「自分だって、連立を組んでいるが、自分の一存で決断した。五分後にはモンデール駐日大使が来ることになっている。そんなゆとりはないよ」[32]「終わり次第、また電話しますから」[33]。

大田はすぐに県幹部を集めた。あれほど切望していた普天間が返還される。しかしその条件は定かではない。「これは厳しい」と逡巡する大田の背中を押したのは、「即座に受ける方がいい」と進言した吉元副知事であった。中身云々以前に日米政府が合意したなら受け入れ、柔軟に対応して機会を逃すべきではないというのが吉元の考えであった。しかし大田は「相当引っかかっていた」[34]（吉元）。日米安保再定義やガイドライン見直しが進む中で、代替施設を条件とする普天間返還は何を意味するのかというのが大田の不安であり、さらにそこには「本土復帰の時も、沖縄問題を解決する代わりに安保体制を強化する結果になった」（大田）という記憶があった。[35]

当時、外務省北米局審議官であった田中均（ひとし）は、「返還の知らせを受けた際の大田知事の対応についていえば、代替施設といっても具体的なことが明確でないままで、イエスともノーとも答えようがなかったということではないでしょうか[*36]」と言うが、この辺りが妥当な評価であろう。

食い違いもあるこの日の普天間返還の伝達だが、一つ確かなことは、橋本が大田に対して「電撃的な」普天間返還を告げるのと同時に、畳みかけるように「協力」を求める様子である。

誰にとっての「サプライズ」だったか

アメリカ政府が最終的に普天間返還の受諾を決め、モンデール大使がその旨を橋本首相に伝えたのは、返還合意発表四日前の四月八日であった。後述するように橋本首相は、この年（一九九六年）二月、アメリカ西海岸のサンタモニカで行われた日米首脳会談で、クリントン大統領に普天間返還を打診するが、それ以降この件はごく限られた日米当局者によって極秘裏に進められていた。

そしていよいよでき上がった普天間返還合意の発表は、本来、同年四月半ばに予定されていたクリントン訪日に先立って来日予定であったペリー国務長官と橋本首相とで発表する手はずとなっていた。普天間返還が浮上する以前から日米当局者は、ソ連を主たる脅威対象としてきた日米安保が、冷戦後もなぜ必要なのかを「再定義」する作業を進めていた。ところが少女暴行事件を機に沖縄の憤りが噴出し、安保体制を足元から揺さぶる状況となった。そこで橋本―ペリーで「普天間返還」を発表して沖縄情勢の沈静化を図り、その上で橋本―クリントンによって「日米安保再定義」を内外に向けて打ち出す。そのような「段取り」が整えられていたのである。

従って普天間返還交渉に携わったごく少数の日本側の官僚は、所属官庁の上司に対してすら口止めを求められ、橋本首相からは「絶対に口外してはだめだ。洩(も)れたら死刑だ」とまで言い渡されていた。*37 ところが、ペリー来日直前になって「日経新聞」が大々的に「スクープ」したのである。

外務省北米局審議官の田中均は、「どういう経緯であったのか、四月十二日の日経新聞朝刊に事前にリークされてしまう」とこの日を振り返り、「これだけ保秘に神経を尖らせてきた私たちにとっては晴天の霹靂である。『ああ、橋本総理にしかられるな』と（通産相であった橋本が外務省幹部を叱責した）ナポリサミットの場面を思い、暗い気持ちで官邸に総理を訪ねたところ、総理は怒ることもなく、新聞に出た以上、今日中に正式発表をするので段取りを整えてほしいという指示をされた」。[*38] ほかの関係者も同様に、橋本が日経の「スクープ」に対して怒った様子は全くなかったと口を揃えている。

この点について、民主党政権下で防衛相、第二次安倍晋三政権で防衛大臣政策参与を務めた森本敏は、「関係者の話を併せ考えると、これは官邸からのリークであった可能性がある」と端的に指摘する。[*39]

前述の田中均は次のように言う。「この日（四月一二日）は金曜日で、ペリー（国防長官）が訪日し、（返還）合意を公表するのは二日後の日曜日という手はずになっていたのである。ただ、この日曜日は各新聞の休刊日に当たっていて、翌日の月曜日の朝刊は発行されない。後から考えると、首相官邸はこの新聞休刊日の合意発表に至る段取りを見て、まさかと思われていた普天間返還合意の政治的インパクトが薄れるのではないか、と思案していた気配があった」。そして日経の「スクープ」後、「官邸から、『ここまで騒ぎになった以上、もう、今日中に発表せざるを得ない』と言ってきた。ウォルター・モンデール駐日米大使に官邸に足を運んでもらい、橋本首相と共同で発表するという流れを設定し、NHKテレビの夜七時のニュースの冒頭にぶつけよう、というシナリオを描いていた」[*40]。

この「スクープ」について橋本本人は、こう語っている。「ペリーさんが来られて発表するつもりだったのが、二、三日の差で『日本経済新聞』にワシントンで抜かれたのです。それがあとで非常にトラブルの元になりました。防衛庁、外務省首脳、さらには（沖縄）県に対する連絡が遅れたと言われる原因になりました」「あちらこちらから叱られましたし、それからあとで結局、大田さんが逃げる場所を作ってしまったという結果にはなるのです[*41]」

橋本はさらに「代替施設」について、返還合意発表の時点では場所は「念頭になかった」。そしてその規模については「いくつかの説があった。軍からすれば、より大きな高度施設が望ましい。これは無理、という一言で終わりそうなものまで含め、いろいろな考えがあった。その中で結局、いくつかの考え方を持って帰ってきてくれた人があった。しかし（日経の「スクープ」によって）数日の差で、そういうものを整とんする時間を失ってしまった」「本当に悔いがある。あの数日は」「早まった報道は、時に国益を損ねることもある」と語っている。[*42]

結論を言えば日経の「スクープ」は、橋本にとって決して「想定外」ではなかった。むしろ、「代替移設」という普天間返還に関わる最大の難問を、「トップダウンによる劇的な返還実現」というインパクトによって覆い隠す効果も期待されていたといえよう。橋本は「代替移設」について、「数日の差で、そういうものを整とんする時間を失ってしまった」と言うが、沖縄には一九七四年に返還合意された那覇市中心部の那覇軍港（那覇港湾施設）をはじめ、「県内移設」が条件とされたために長年にわたって返還が実現していない施設が数多くある。「政策通」で鳴らした橋本がそれを知らないはずはなく、またそれが「数日程度」で整理されるような容易な問題ではあり得ないことも熟知していたはずである。

こうして四月一二日の出来事を整理した時、日経朝刊の「スクープ」を端緒とした「電撃的な返還合意」が、果たして誰にとって本当のサプライズであったかが浮かび上がる。それは記者発表直前に橋本から突如返還を告げられ、畳みかけるように「協力」を求められた大田であり、大田は「（普天間を）返していただくのは大変有り難いです。ただ代替施設ということになると……」と返すのが精一杯であった。
「電撃的な普天間返還」というサプライズの勢いで大田を引き込み、代理署名拒否をめぐる姿勢の軟化と「県内移設」実現のための協力を大田から引き出したい。それが橋本の胸中に秘められた戦略であった。だがそれは、橋本にとっても苦渋の末の「賭け」であった。

橋本首相の苦境、大田知事の苦悩

一九九六年四月一二日の普天間返還合意発表に続いて、同月一七日には来日したクリントン大統領が橋本首相と「日米安保再定義」を共同宣言として打ち出した。日米安保は冷戦後もアジア太平洋の安定と繁栄の基盤であると、その意義を「再定義」した同宣言は、併せて「極東」を念頭においた従来の日米安保を「アジア太平洋」に拡大する意味があると見なされた。

このように冷戦後の日米同盟強化が着実に進められていく一方で、三月下旬には代理署名訴訟の高裁判決があり、沖縄県は敗訴したものの上告した。その一方、沖縄本島中部・読谷村の米軍施設「楚辺通信所」の一部では、軍用地としての提供を拒んでいた地主との契約期間が切れ、四月一日にはついに米軍による「不法占拠状態」が発生した。官房長官の梶山静六は「直ちに違法とは言えない」とする一方、地主は祖先伝来の土地に立ち入ることを求めた。米軍は軍警察を使ってでもこれを阻止すると主張したが、日米協議の結果、最終的に立ち入りを認めることになった。[*43]

日米安保をどれだけ華々しく「再定義」しても、米軍に基地を安定的に提供できなくなれば、日米安保体制は根底から揺らぐ。翌年五月には沖縄でさらに多くの契約が切れることになっており、沖縄県が法廷を舞台に徹底抗戦を貫けば、事態は極めて深刻なものになることが必至であった。実際、大田は基地問題に進展がない限り、使用期限が切れる嘉手納基地の一部などが「第二、第三の楚辺」になりかねないと発言していた。[*44]

これに対して政府内では、沖縄県が徹底抗戦を貫いた場合に備え、強制使用のための特別立法案も浮上した。しかし連立を組む社民党の反発は強く、強行すれば政権の基盤が揺らぐことは避けられない。[*45] 橋本首相にとって、「返還が実現すれば沖縄の平穏が十年は保たれる」[*46]（与党幹部）と考えられた普天間が、大田の姿勢を軟化させる「切り札」だったのである。実際、普天間返還合意が発表された後、橋本は「大田知事の笑顔を見てホッとした」と漏らしたが、それは大田が普天間返還によって姿勢を和らげるだろうという期待の現れであった。[*47]

一九九六年八月下旬、最高裁判所は代理署名拒否の上告審について、沖縄県の訴えを棄却し、県の全面敗訴となった。沖縄ではその直後の九月八日、「基地の整理・縮小」と「日米地位協定の見直し」について賛否を問う県民投票が行われたが、自民党沖縄県連は棄権を呼びかけた。県民投票の投票率は六〇％弱、そのうち「基地の整理・縮小」「日米地位協定の見直し」への賛成は約九割にのぼった。

沖縄県は、最高裁判決は通例からして早くても九月中旬だと想定し、その直前に県民投票を設定していた。そのままであれば、県民の基地反対という意思が示された直後に最高裁判決という形になったが、最高裁がそれに先んじて判決を下したのである。

一方でこのとき代理署名拒否以外にも、楚辺通信所などの軍用地使用継続に関わる公告・縦覧についても県と国の間で訴訟となっていた。最高裁で敗訴する一方、県民投票の結果も出た。これらを受け、継続中の訴訟についてあくまで国と対決するのか。大田に決断の時が近づいていた。

県民投票の翌々日、大田は橋本と会談して県民投票の結果を伝え、併せて基地問題解決や沖縄振興策を訴えた。これに対して橋本は基地の整理縮小と地位協定の運用見直し、沖縄の経済振興に尽力するとの談話を閣議決定するとともに、閣僚と県知事からなる沖縄政策協議会を設置し、沖縄振興に関わる特別予算を計上した。

会談から三日後の九月一三日、大田は橋本の談話を評価する形で、公告・縦覧に応じることを表明した。日米安保体制を揺さぶることになった沖縄の異議申し立ては、ここに一応の区切りがつけられることになったのである。沖縄県側では、吉元副知事などが国と対立し続ければ県の行政は立ちゆかないとして、当初から最高裁での敗訴を区切りに公告・縦覧に応じることを検討していたが、大田は県民の反発を念頭に「応諾していいのだろうか」と漏らし、普天間基地の移設問題が決着するまで見届けたいとの考えもあった。一方でこの直後には国政で総選挙が予想されており、「解散になったら、積み上げてきたものがなくなってしまうのではないか[*48]」との不安も抱える大田には、一定の信頼関係を築いた橋本政権との間で事態を進展させたいという気持ちもあっただろう。

しかし大田が応諾に踏み切ったことに対して、沖縄県内の反応は、戸惑いと反発を伴ったものであった。大田は批判に対して「（応諾を）拒否をしてその先に何が見えるのか。雇用の拡大につながるのか。基地の整理・縮小につながるのか」と訴えざるを得なかった。[*49]
大田を批判する側からは、大田は応諾せずに知事を辞任し、県民の民意を問う形で再選挙に臨むべきだといった意見もあった。「応諾を引き延ばして火がついたまま総選挙に入れば、安保・基地問題を全国の争点として問うことができた」（新崎盛暉・沖縄大教授）、「応諾の結果、それまで大田さんを先頭に盛り上がっていた人々の怒りが急速に冷めて、無力感が広がり……それが、のちの三選で大田さんが敗れる遠因になったと思う」[*50]（新川明・元沖縄タイムス社長）。

特措法改正と「沖縄政局」

大田にとって、この時点で応諾に踏み切ったもう一つの理由は、駐留軍用地特措法を改正し、代理署名の権限を県知事から取り上げようという動きが国政で表面化していたことであった。これが実現すれば、沖縄から抵抗の手段が奪われることになる。大田は橋本に対して、法改正だけは避けて欲しいと訴えていた。

しかし大田が軍用地継続使用の手続きに応じた後も、県収用委員会での審理が必要となる。楚辺通信所の一部で「不法占拠状態」が続いていたほか、翌九七年五月には嘉手納基地などでも同様の事態が発生することは避けられなくなりつつあった。

橋本首相は一九九七年二月に来日したオルブライト米国務長官に対して、「日米安保条約を断固守り、基地使用を無法状態にすることはない。たとえ政権の組み替えや首相の交代があっても」と「決意」を語った。*51 四月三日、政府は特措法改正案を閣議決定し、衆議院に提出した。連立政権を構成する社民党はこの改正に反対する一方、小沢一郎党首率いる最大野党の新進党は賛成であった。当時の自民党内は加藤紘一幹事長を筆頭とする「自社さ連立派」と、新進党との連携を志向する梶山官房長官ら「保保派」に分かれ、橋本首相は両者のバランスの上に乗っていた。特措法改正は、この微妙なバランスを崩して連立組み替えに至る可能性を孕みつつ進行し、「沖縄政局」と呼ばれた。

結果的に特措法改正は社民が反対、新進党が賛成し、衆議院で九割、参議院で八割という圧倒的多数で四月一七日に成立する。沖縄問題などをめぐる自民党の対応に不信を募らせた社民党は、翌年六月には連立離脱に至る。自社さ連立政権の終焉である。

この「沖縄政局」の最中、自民党実力者の野中広務は国会で「この法律が沖縄県民を軍靴で踏みにじるような、そんな結果にならないように。今回の審議が、どうぞ再び大政翼賛会のような形にならないように若いみなさんにお願いをしたい」と異例の発言を行った。野中の発言は規則違反として議事録から削除されたが、野中の沖縄に対する思い入れに加え、「自社さ派」の有力者として、「保保派」を牽制したのではと見る向きもあった。

大田は「公告・縦覧代行を応諾してまで、何としても避けたいとした特措法の改正が、数の論理で、いともたやすく強行採決されたことに、深い無力感に打ちひしがれた」一方、野中の発言に感激し、礼状を書いたという。しかし後述のように大田が海上基地に反対する姿勢を明確にすると、野中は大田を「人の道に反する」と厳しく批判し、大田の知事三選阻止に向けて動き出すことになる。*52

「代替施設」をめぐる迷走

一方で普天間返還である。華々しい返還合意発表であったが、その直後から「代替施設」をめぐる迷走が始まる。「嘉手納弾薬庫にヘリポート」「滑走路付き。広さは名古屋空港並み」といった報道が相次ぐ中、沖縄県内では「基地転がし」という批判が早くも広がった。「返還」のインパクトが大きかっただけに、失望も大きくなったことは否めない。

当初、「代替施設」として検討されたのは嘉手納弾薬庫へのヘリポート建設であったが、給水池に近く、環境汚染が懸念されるとして候補から消えた。その過程で浮上したのが「嘉手納統合案」である。副知事の吉元は、返還されるとしても県内で最後になるだろう米空軍嘉手納基地への統合によって基地縮小を実現できるなら、県民の理解も得られるのではと考えた。*53 吉元の主張もあって、一九九六年夏頃には官邸と防衛庁は、ほぼ嘉手納統合案で固まった。米軍が同案の受け入れが困難な理由として挙げた固定翼機とヘリコプターの混在についても、アメリカ国内で行われている事例を突き止め、また自衛隊でパイロットと管制官によるチームを作って検討した結果、共同運用は可能だという結論を下した。*54

しかし町域の八三%を基地が占める地元の嘉手納町などが、これ以上の負担は耐えられないとして強く反発した。基地周辺住民からは、騒音をめぐる大規模な訴訟も繰り返しおきている。またアメリカ側も消極的で、空軍が海兵隊との同居を頑（かたく）なに拒んだほか、クリントン大統領も「カデナをセカンド・フテンマにしてはいけない」と橋本に述べた。運用上の問題に加えて沖縄の基地が嘉手納に集約され、また多くの事件事故を引き起こす海兵隊を抱えることによって、極東における米空軍の拠点・嘉手納基地が沖縄の反基地感情の標的になるのではないかという警戒感である。*55

アメリカ側は対案として、沖縄本島北部のキャンプ・ハンセンかキャンプ・シュワブのいずれかにヘリポートを建設し、その滑走路を民間との共用として沖縄本島中北部のリゾート地に近接する空港とすれば沖縄振興策になるのではないかという案を示したが、日本側の姿勢に変化はなかった。*56

そのような中、突然浮上したのが、海に浮かぶ施設というアイデアである。大田の応諾表明から四日後の一九九六年九月一七日、沖縄を訪れた橋本は講演でアメリカ側からのアイデアだとした上で、海に浮かぶヘリポートを「代替移設」として検討すると表明した。

その四日前、橋本は大田に直接電話して海上へリポート案を説明し、「一七日に沖縄を訪問しようと思います。そこで、この構想を発表するつもりにしていますが、よろしいですね」と述べた。大田が「歓迎します」と答えると橋本は「ご招待いただいたということですね」と念を押した。*57 前触れなしに橋本自らが電話で伝え、電話口で大田の「協力」と

「理解」を取り付けようと試みる。四月に普天間返還合意を大田に告げた時と同じスタイルである。

普天間返還合意後、橋本と大田は問題解決に向けて会談を重ね、その回数は一七回に及んだが、両者の関係は「親密な盟友」とは趣を異にするものであったと見える。外交安保や危機管理に強く「タカ派」と見られることもあった橋本と、元鉄血勤皇師範隊で革新陣営から知事に当選した大田。橋本は首相就任後、代理署名を拒否していた大田と対面するにあたって大田の著書（『沖縄の帝王　高等弁務官』）を熟読し、「主観の部分は別として『よく調べておられましたね』という話から始めたのです」と述懐している。[*58]

これに対して大田は「総理は上から押しつけるような形で、絶対に基地を受け入れろといった姿勢をとることは一度もなく、常に相談するような形でした」という一方、「やはり総理と知事という関係ですから、こちらが一歩控えて接するところがありましたし、私の考え方の根底にある戦争経験についても話したことはありません。お話ししても分かってもらえないと思っていましたから」と胸中を明かす。[*59]

橋本としては、正面から大田に協力を求めて拒否されるリスクを避け、再三にわたる

「サプライズ」の勢いや度重なる会談を通じた「雰囲気づくり」によって大田の協力を得ようと苦心したのであろう。

海上施設案浮上の「謎」

橋本首相が海上へリポート案を打ち出した時、日本側当局は嘉手納統合案でアメリカ側にも根回しを進めていた。そこに橋本主導でアメリカ側と密(ひそ)かに進められた海上へリポート構想が突如、降りてきたのである。[*60]「ちょっとびっくりしました。その案が出てきたときに総理は非常に前向きに捉えて、これを追究しようとおっしゃったので、驚きでした」[*61]（折田正樹外務省北米局長）、「船橋洋一氏の『同盟漂流』では、防衛庁は不満で渦巻いたとなっているが、皆驚いたが不満ということはなかった。寝るのも忘れて嘉手納空港移設案（統合案）を推進してきた担当者はいささかがっくりきたという状況だった」[*62]（秋山防衛庁防衛局長）。

橋本がここで突如、海上施設案に舵(かじ)をきった意図はどこにあったのだろうか。橋本は嘉手納統合案について「私は首をひねっていた。航空管制のうえで、嘉手納は那覇空港との関係でただでさえ苦しい作業を強いられている。これに垂直離着陸機が加わると、管制の複雑さは、元運輸大臣の立場から考えるとかなり難しいと思った。それと、どの国でもそうだが、陸・海・空・海兵隊という対抗意識はありますから」。そして「陸上も埋め立てもだめとなれば、海上に造るしかないいな、と考え始めた。思い浮かんだのが鳥島だった」「沖縄周辺の海を知っていると、どうしても埋め立てにはならない。貴重な海洋生物がいる」[*63]。鳥島とは、消滅が危惧された日本最南端、沖ノ鳥島の保全工事に際して、浮体式桟橋工法が用いられたことを指す。

しかし航空管制については、防衛庁で可能だと検証した上で嘉手納統合案を推している。橋本にとって実際の理由は、アメリカ側の難色ということであろうか。

防衛庁防衛局長であった秋山はこの前後、橋本が代替施設について「撤去可能」という点に強くこだわっていたと言う[*64]。将来不要になれば撤去できるのだとすれば、海上施設案は、電撃的な普天間返還発表という「賭け」に踏み切った橋本にとって、ジレンマから抜け出す格好の妙案に見えたのかもしれない。またこの頃、橋本の側近と外務省の対米交渉担当者が「それなら、大田知事が県内移設をのむだろう」として「期限付き案」をアメリカ側に打診したものの、強く反発されて沙汰止みになったともいう。[*65]
秋山はこのとき海上施設案についてアメリカ側、そして橋本に問題点を指摘している。「県内における代替建設地について沖縄県側とぎりぎりの厳しい交渉をしているので、こうした夢のような海上施設案が出れば今後もう陸上建設には絶対に戻れなくなるがいいか」。しかし「総理の考えはすでに事前にいろいろと検討された様子……でありすでに腹は決まっているよう」であった。[*66]
普天間の「代替施設」をめぐるこの二〇年を俯瞰した時、この海上施設案の浮上は、一つの分岐点であったと見える。だがなぜこのとき、橋本がトップダウンで海上施設案に舵をきったのか、明確になっていないことも多いのである。
さて、その海上施設案である。巨大な鉄の箱を海に浮かべるマリンフロート（浮体構造物）は、構造不況に陥った鉄鋼・造船業界が一九七〇年代後半から研究を始めており、大型事業化の機会を探っていた。関西国際空港では埋め立て方式を推すゼネコン業界に敗退したが、その後も業界では受注の機会を狙っていた。また沖縄でも那覇軍港の代替施設として、構造物を桟橋のように脚で海底に固定するＱＩＰ（浮体式桟橋工法）を推していた企業グループもあり、こちらも資料を「普天間基地代替施設」と書き換えて提案書をつくっていた。橋本の発言を受けて、各業界の売り込み合戦は一気に白熱化した。一兆円とも言われた大型プロジェクトであり、アメリカの関係業界も参入をうかがっていた。*67

このような中、少女暴行事件の後、沖縄の基地負担軽減を検討するために日米政府が発足させたSACO（日米特別行動委員会）が一九九六年一二月に最終報告を公表した。この中で普天間基地を含む県内一一の施設・区域の全部、または一部の返還が確定された。しかし沖縄県内の受け止め方は冷ややかなものであった。列挙された返還対象の大半は県内移設が条件となっていたのである。

そして普天間の「代替施設」としては海上案が最終報告に明記された。一三〇〇メートルの滑走路を備えた全長一五〇〇メートルの施設を、杭（くい）式桟橋方式、箱方式、半潜水方式という三つの工法のいずれかによって建設し、陸地とは桟橋や連絡路で結ぶとされる一方、設置場所については「沖縄本島の東海岸沖」とされた。アメリカ側は具体的な場所を記載するよう求めたが、日本側は地元の反発が強く、理解が得られていないとしてこの表現となったのであった。

辺野古沖合へ

海上施設の設置場所として政府が最初に検討したのは、沖縄本島中部・勝連半島の米軍基地沖合、ホワイトビーチ水域であった。しかし漁場喪失や環境汚染を理由に地元が反対したほか、沖縄県もこの区域を自由貿易地域として開発する計画を持っていたため、受け入れを拒んだ。

次に候補地となったのが、名護市辺野古の米軍基地、キャンプ・シュワブの沖合であった。しかし名護市議会はただちに反対決議を採択し、後に受け入れに転じることになる保守系の比嘉鉄也市長も反対した。

年が明けた一九九七年一月一七日、梶山官房長官は海上施設の場所について「日米間でおおよその目安をつけたのはキャンプ・シュワブ沖で、それ以外にない*[68]」と述べ、数日後には那覇防衛施設局が名護市に対して事前調査を申し入れた。

これに対して名護市は、県が同席しないことを理由に調査の受け入れを拒否した。政府の圧力を受け、名護市では移設受け入れに柔軟な意見もあったが、仮に容認するにしても

「知事より先に移設を認めれば、県民世論からの批判は避けられない」という懸念があった。[*69] 一方で大田知事は、県が調整を行うことはないという考えを示した。「起業者である国と地元自治体の調整が先決で、それを待たずに県が地元を説得したりするのは無責任」だという姿勢である。[*70]

その傍らで名護市では経済関係者を中心に「開発が遅れてきた北部にとっての特需だ。(代替施設が)埋め立てなら、将来、地元で利用できる」といった声もあがっていた。[*71]

四月九日になって名護市の比嘉市長は、住民の同意を前提に事前調査を受け入れると表明した。大田知事はこれに「県としても尊重したい」と反応したが、推進派からは「県はイニシアチブを発揮せず、地元に責任を押しつけた」、そして反対派からは「海上基地を容認した」と批判された。[*72]

一方で名護市では、反対派の市民団体などが建設の是非を問う市民投票を求めて、条例制定請求に向けた運動を始め、署名は、一カ月間で必要数をはるかに上回る有権者の四六%に達した。これを受けて市民投票が実施されることになったが、比嘉市長が市議会に提出した投票の質問項目は、①「賛成」、②「環境対策や経済効果が期待できるので賛成」、

③「反対」、④「環境対策や経済効果が期待できないので反対」の四択で、市民投票は基地反対か、振興策獲得かを選ぶものへと変質していた。

名護市民投票の「反対」と市長の「受け入れ」

一二月二一日の市民投票に向けて、建設業界などは上記の②に投票するよう大々的な運動を開始した。政府からも梶山前官房長官や沖縄に強い影響力を持つ元自民党政調会長の山中貞則などが相次いで名護市を訪れ、振興策への要望に耳を傾ける姿勢をとった。市民投票には公職選挙法が適用されず、公務員の関与も可能であった。防衛施設庁の沖縄における出先機関である那覇防衛施設局の職員が名護市全戸を訪問したほか、久間章生（きゅうまふみお）防衛庁長官が沖縄出身の自衛隊員に賛成票獲得を要請するなど、全力の取り組みが展開された。[*73]また事前の不在者投票は有権者の二割近くにのぼり、そのほとんどは組織的な賛成票だとみられた。[*74]これに対して基地反対派も労働組合による組織的な運動のほか、名護市外からも多くが加わって基地建設反対を呼びかけた。

それまで歴代の政権は、沖縄の「基地問題と振興策は別」という「建前」を貫いていた。

橋本首相は「振興策は海上基地の建設が前提なのか」と記者に問われ、「すごく悲しいな」と心情を絡めて否定したものである。[*75]しかし投票直前に現地入りした官房長官の村岡兼造は振興策について、基地と関係なく実施する二一項目と、基地受け入れが前提の七項目を示した。基地と振興策とを明確に関連づけることで、受け入れ派にテコ入れする方針に転じたのである。[*76]

また国は沖縄県内のすべての米軍基地所在市町村に対しても、「閉塞感」を緩和するとして、七年間で一〇〇〇億円という振興策を直接配分する施策を打ち出した。これらは基地の負担と振興策を直接結び付けるという点で、政府の沖縄基地政策の分岐点となった。これ以降、沖縄にとって「基地反対か、振興策か」は二者択一であるとの色彩を強めることになったのである。

果たして名護市民投票は投票率八二・五％に達し、①八・一％、②三七・二％で賛成派が合計約四五％、これに対して③五一・六％、④一・二％で反対派が合計約五三％。反対派の勝利であった。

名護市は元来、保守勢力が強い地域であっただけに、この結果は基地受け入れ反対が強固であることを示すものであった。比嘉は市民投票の結果判明直後には受け入れ断念に傾いたが、市内の経済団体などが強く反対した。また政府も投票に法的拘束力はないとして、比嘉に受け入れを促すべく、沖縄問題担当の首相補佐官・岡本行夫を沖縄に派遣し、野中広務幹事長代理も比嘉に電話して決断を促した。二二日には政府が海上施設について二〇一五年までの「期限付き」を検討しているとのニュースが流れたことも比嘉の翻意に影響したとみられる。*77 比嘉は二四日朝までには一転して受け入れの意向を固めた。比嘉は大田知事との面談を求めていたが、県幹部は比嘉が何を話すか分からない上に予算折衝などで日程も厳しいとして難色を示していた。二四日朝、比嘉は市幹部に対して受け入れの意向を示した上で、橋本首相と面会するため上京した大田を追って自らも東京へ向かうと告げた。首相官邸でのセッティングは岡本補佐官が行った。*78

一方、上京中の大田に対しては岡本が急遽（きゅうきょ）面会を取り付け、比嘉市長が受け入れ表明をしたので、「総理にお会いする前に知事も腹を固めてほしい」と大田に迫った。「私は言葉を失った」（大田）。大田が手にしていた沖縄の地元紙には、逆に市長の「受け入れ断念示唆」が報じられていたのである。大田は「今ここでハイ、とは到底いえません。

それに、比嘉市長がどういう経緯で受け入れたのか分からない[*79]」と受諾を拒んだまま大田・橋本の二者会談となった。

幻の「期限付き」と大田落選

二人の会談では、橋本首相が「（沖縄振興で）できるだけのことはやってきた。現実的に対応してほしい」と、間接的ながら受け入れを求めたのに対して大田は、「市民投票とか騒いでいる時に決断すると、厄介なことになります。どうか冷却期間を置かせて下さい」。大田によれば、橋本は「うんうんと頷きながら聞いていたが、途中でちょっと怒ったように、『知事が県外移設を考えていることは分かっているよ』」と言った。官邸側からは、隣室で待機していた比嘉市長にこの場で会わないかと促されたが、大田は「今はその時ではないと思い、お断りした[*80]」。

比嘉市長は、大田が受け入れを決断しないのであれば、地元市長として受け入れを表明するので、「その際、（大田は）表明の席上に、ただ隣に腰掛けてくれればいい。泥は地元・名護市長がかぶる」という意向であった[*81]。古川貞二郎官房副長官や岡本補佐官が加わって大田の決断を促したが、大田は「途中で思いついて……県内外の情勢や雰囲気からしても、公平に物を見る委員会のようなものを作って、客観的に判断していただくのも一つの方法ではないでしょうか」として応じることを拒んだ。

会談は二時間近くに及んだが、同席した防衛庁幹部は、「大田知事の最後の答えは『県庁内の手続きが必要なので時間がほしい』というものだった……私には『逃げ』の言葉と感じられた」と言い、一方で沖縄県幹部は「知事はよく踏ん張ったというのが実感だ」と語る。そして当の大田は「私一人の政治判断で決定するには、余りにも重要な問題だと考えた」のであり、「私を引きとどめたのは、沖縄の歴史の重さだった。何よりも、沖縄戦での県民の犠牲の大きさだった」[*82]と振り返る。また仮にここで官邸が切望したように大田が受け入れ表明をしたとしても、当時の沖縄の民意のうねりを考えれば、事態がそのまま鎮静化の方向に向かったとは考えにくいように思われる。

結局大田は首肯せず、一七回に及んだ橋本首相と大田知事との会談は、これが最後となった。一方、隣室の比嘉は大田には会えないまま、橋本に対して市民投票の結果とは逆に海上基地を受け入れること、市民を二分した責任をとって辞任し、再出馬もしないことを伝えた。「『遺言状』は北部の振興」「一時お預かりでヘリを受け入れることにした」と、期限付きでの基地受け入れ表明である。「郷里のための捨て石になる」という比嘉の言葉に、橋本は涙を流しながら何度も頭を下げたという。[*83]

政府は翌年に知事選が迫る中、大田を説得するのはこれが最後のチャンスだと判断し、総力態勢で臨んでいた。その秘策が、それまで「禁じ手」だと考えられてきた「期限付き」の移設案である。大田県政は二〇一五年までの基地全廃プランを立てていたことから、移設後の基地も二〇一五年までの「期限付き」とする案である。一九九七年一二月二二日には古川官房副長官と秋山昌廣防衛事務次官が、「期限付き」もやむなしとの認識で一致していた。[*84]

この局面を一変させたのが、比嘉名護市長による急転直下の受け入れ表明であった。これを受けた橋本首相は大田知事との会談で、もはや「期限付き」案を持ち出すことはなかった。[*85]外務省や防衛庁は、そもそも「期限付き」に懐疑的であったことに加え、アメリカ側が「期限付き」に反対したことで、この案は橋本・大田会談の直前に消えたという見方もある。[*86]しかし比嘉市長の受け入れ表明も、あくまで「一時お預かりで」としていたことを忘れるべきではなかろう。

一九九八年の年明けには比嘉市長の後継を選ぶ名護市長選挙が行われ、基地容認派と反対派との一騎打ちとなった。受け入れ容認派には、市民投票と異なり市政全般が争点となる市長選なら有利だという思惑もあった。そのような中で大田は選挙期間中の二月六日、正式に海上基地反対を表明した。海上基地建設に必要な公有水面使用許可などの権限は知事にあり、移設案は暗礁に乗り上げた形であった。

東京の自民党本部は、もし大田が海上基地受け入れを表明すれば大田の三選出馬時には対立候補を立てず、事実上大田への相乗りを検討しているとも言われ、自民党中枢からは、なぜ大田が「県民党総裁」へと脱皮してくれないのかという声も聞かれた。[*87]

しかし大田がおかれた状況は厳しいものであった。公告・縦覧代行に応諾したことは大田の求心力を弱め、さらに一九九七年八月に辺野古沖合でのボーリング調査を認めたことは県政与党一部の反発を招いて県議会における吉元副知事の再任拒否に繋がった。

結局、名護では比嘉市長の後継候補である前市助役の岸本建男が当選した。この頃までに大田を見切った政府・自民党は、次の知事選に県内財界出身の稲嶺恵一を候補として立てた上で、大田を揺さぶるために沖縄政策協議会の開催を停止し、振興策を遅延させて「県政不況」というキャンペーンを展開した。大田県政が国と対立していることが県内の不況を招いているという主張である。一九九八年一一月一五日に投開票された知事選では稲嶺が三七万票あまりを得票して当選した。大田はおよそ三三万票にとどまり、翌月の任期満了とともに県政の表舞台から退くことになった。

返還合意はなぜ可能になったのか

本章ではここまで大田知事による代理署名拒否と、橋本首相による普天間返還合意という二つの「賭け」を軸として問題の展開を追ってきたが、「影の主役」は言うまでもなくアメリカである。そもそもアメリカはなぜ、普天間返還に応じたのであろうか。

話は一九九六年二月、訪米した橋本がカリフォルニアのサンタモニカで、首相としてクリントン大統領と初の首脳会談に臨んだ場面に遡(さかのぼ)る。前年秋の少女暴行事件以降、沖縄の基地問題が日米同盟の重要案件として浮上する中、この会談で橋本は「普天間返還」を提起したのである。ストレートな返還要求ではなく、「沖縄の要望」として言及するに止めるという慎重さであった。とはいえ、この会談直前の段階でも日本の外務省や防衛庁は「普天間返還」は不可能との認識を示し、首脳会談での提起にもこぞって反対していた。それを振り切る形で橋本が「普天間」に言及したことが、返還合意に向けて事態を大きく動かす契機になった。それが今に至る一般的な解釈であろう。

この首脳会談での場面を橋本自身は次のように語る。会談も半ばを過ぎた頃、クリントンが「『橋本、本当にそれだけか。もっとあるんじゃないのか。初めての会談だから、ある問題がもし残っているのなら、遠慮しないで出せよ』と彼のほうから言ってくれたのです。そこで咄嗟(とっさ)の判断として」沖縄に普天間返還要求があることに触れた。[*88]

一方、この場面についても複数の記録がある。外務省北米局長として同席していた折田正樹は次のように語る。「(橋本首相の)緊張が緩んだときに、沖縄について率直にお話し頂けますか、とクリントンが水を向けたのです。総理はちょっとびくっとしたような表情をされた後」、普天間に言及した。その際の折田の観察が興味深い。「沖縄について率直にお話し頂けますか、とクリントンから言ったこと、普天間の固有名詞が(橋本の側から)出たときに(クリントンに)驚いた様子はなかったこと、通常知らないことが出てくると控えている同席者のほうに確認するような仕草をするのですがそれはなかったことから、私は、普天間が持ち出されるかもしれないということが大統領にまで上がっていたと判断しました」[*89]。

橋本の回顧と折田の証言は、決して矛盾しているわけではない。折田は橋本の回顧をより正確に述べているのである。しかしながらその結果、普天間をめぐる会談の様相は相当に異なるものとなる。折田の証言から橋本に対して「普天間返還」に言及するよう水を向けたのはむしろアメリカ側であり、その誘い水があればこそ、橋本は日本側の外交安保当局者がこぞって反対する普天間返還に言及する決心がついたという構図が浮かび上がってくるように思われる。

橋本の言及が曖昧であったため、折田は会談終了時、同席していたキャンベル国防次官補代理に「橋本総理が口に出したということは大変な決意の上で、これは返せということだ……返すのは難しいという話をしたわけではなく、難しいけど返してほしいという話をしたのです」と念を押したという[*90]。

有事問題との「一括交渉」

翌三月中旬、キャンベルがワシントンの日本大使館に対して「普天間の問題は避けて通れないというのが自分の判断であるので、米側としての結論は出てないけれども、普天間飛行場を返すとすればどのような条件を満たす必要があるのか議論したい」と提案した。「橋本総理に直ちに連絡したら、それで話を進めてくれ、ということで、議論を進めたのです」[*91]（折田）。

その後、ごく少人数の日米当局者の間で協議が行われ、四月に「スクープ」された形で発表となるわけだが、そもそもアメリカ側はなぜ、日本側が困難だと考えていた普天間返還に応じたのだろうか。交渉に携わった日本側当局者の間でも解釈の力点は異なる。

外務省北米局長の折田は、橋本がクリントンに対して日米同盟の重要性を強調し、日米安保再定義による同盟強化に積極姿勢を見せたことが重要だったと指摘する。[*92]

北米局審議官であった田中均は、三月上旬、キャンベルなどアメリカ側関係者とヘリコプターに同乗して上空から普天間を視察し、市街地に囲まれた普天間基地の危険性を目の当たりにしたことを「一番決定的だった出来事」に挙げる。[*93] 一方でこのとき同乗したアメリカ側関係者は、日本側当局者が自分たちと同じように普天間の状況に驚き、同じ国内でありながら沖縄になじみのないことに驚いた。田中はキャンベルに対して、沖縄には外務省の研修旅行で「二五年前に一度、訪れたことがあるだけだ」と「告白」したという。[*94] 普天間返還は大田の前任者である保守系の西銘知事も日米政府に訴えていた問題であった。少女暴行事件以前の沖縄基地問題の位置付けを象徴するような日米関係者による普天間視察の一場面であった。

そして防衛庁の秋山防衛局長は、この三月に進行していた台湾海峡危機を受けて、アメリカ側が日米同盟を盤石にする必要性を痛感したことが普天間返還に向けて重要だったとキャンベルが述べていたことを重視する。[*95]

しかし結局のところ、それらにも増して重要だったのは、日本側がアメリカ側の提示した普天間返還の「条件」に積極的に応じたことだったと思われる。四月八日、モンデール大使は橋本首相に対して正式に返還への同意を伝え、その直後に橋本は古川貞二郎官房副長官や折田、秋山らにアメリカ側の条件を説明した。それは、①在日米軍の機能を低下させない、②普天間の移転費用は日本側が負担する、③日本周辺有事の際、米軍が日本国内の民間空港を使用できるよう態勢の整備をする——という三点であり、橋本はそれを大筋で受け入れたことを明らかにした。「首相は普天間と有事問題をパッケージ・ディール（一括交渉）したのだな」と出席者の一人は受け止めた。[*96]

アメリカ側では二月の首脳会談で橋本が普天間に言及して以降、老朽化した上に市街地に囲まれて危険な普天間基地を返還することによって沖縄県民の感情を鎮め、併せて第一次朝鮮半島核危機以来、懸案になっていた日本側における有事対応の態勢整備を促す方が得策だという判断が強まっていた。またアメリカ政府関係者は、「なんと言っても、膨大な費用のかかる代替施設の建設をのんだ橋本首相の大胆な政治的な決断が大きかった」という。[*97] 橋本によれば「費用負担は条約上も当然日本側が負うべきものだから、改めて議論はしていない」。そして橋本は返還合意発表の間際、かつて大臣をつとめた大蔵省の主計局長に電話をすると「これ（返還費用）は日本側がかぶる。相当巨額になる。ぼくは財政再建路線をとっている張本人だが、これはほかの問題とは別だ」と押し通した。[*98]

アメリカ側にとっての「メリット」

普天間返還に関わる上記三条件のうち、②の移転費用は橋本が受け入れる決断をし、①と③については、代替施設とともに、日米防衛協力のための指針（ガイドライン）見直しなど、日米安保体制の軍事的実効性を高める施策が必要となった。その結果として返還合意発表後には、代替施設の検討など普天間返還に向けた作業と、ガイドライン関連法案に向けた準備の二つが同時並行することになった。

ここで橋本が周辺に指示したのは「順番を間違えないように」ということであった。それは普天間返還など沖縄の負担軽減が「先」で、ガイドライン関係が「後」という順番である。「沖縄の負担軽減に優先して取り組んだことが、（日本）国内から（ガイドライン関連法案などに対して）強い反発が出なかった理由の一つだと思います」（田中均）、「新聞は連日、普天間返還のニュースで持ちきりでしたが、その陰で総理は（ガイドライン関連）法案作りに本当に熱心に取り組んでおられました」（江田憲司）といった証言からは、橋本が普天間返還と、その「条件」とされたガイドライン関連法案など有事に対応する態勢の構築を密接に関連づけていたことがうかがわれる。[*99] 国民世論の反発も予想される日米軍事協力の強化を、普天間返還のインパクトの陰で進めるという構図である。非情としか言いようがないが、間に普天間返還合意を挟むことによって「沖縄での暴行事件は結果として、ガイドライン見直しをする機会をつくった」（日米の関係者）という側面があることは否定できない。[*100]

その後、ガイドライン見直しは小渕政権下でガイドライン関連法として成立する一方、普天間返還については「代替施設」が当初のヘリポートから海上施設、そして埋め立てへと膨張・変容し、暗礁に乗り上げる。アメリカ側から見れば普天間返還は実施しないまま、「条件」であった日本側における有事対応の態勢強化は着実に進んだ。「普天間返還」というカードを切ることによって、日本側から引き出せるものは最大限得たという図式とも見える。

また代替施設についていえば当初の「ヘリポート」が、最終的には普天間にはない港湾設備も備えた巨大な「現行案」へと変質を遂げるが、辺野古沿岸に普天間基地の機能に加えて新たに港湾設備も備えた「新基地」を建設しようという構想は、米軍内では一九六〇年代から存在していたことが度々指摘されている。[*101]

一九九六年夏に嘉手納統合案でアメリカ側を説得しようと試みていた秋山防衛局長は当時、「米側は、戦後に計画した埋め立て空港の青写真を持ってきてこれでどうだとか、およそ現実的でない案を持ち込んできて、実際の検討が進まない状況が続いた」[*102]という。

だが秋山が「(九六年時点では青写真を見て)びっくりして冗談じゃないと言ったのだが、最終的にそこに行った」というように、結果的にこの「およそ現実的でない」はずの「青写真」とほぼ同様のものが「現行案」となったのである。なぜこのような規模に膨張したのか。秋山は海兵隊が「沖縄に自分たちの基地を持ちたい」として、強力な政治力を発揮したのが最大の理由だと指摘する。[*103]一方で一九六〇年代のアメリカ側計画と今日の「現行案」の大きな違いは、主に日本側が建設費用を負担するという点である。

稲嶺知事の「使用期限一五年」と「軍民共用」

一九九八年一一月の沖縄県知事選挙で大田を破って当選した稲嶺恵一は、普天間の代替施設について、撤去可能な海上施設ではなく、埋め立てによる恒久的な施設を建設することを打ち出していた。それを「軍民共用」とすることで沖縄本島の北部振興に役立てるという主張である。地元土建業者などからは、海上施設では本土の鉄鋼業界などに仕事が流れるだけで地元の利益にはならないとして、埋め立て工法を求める声が出ていた。稲嶺の主張はこれに配慮したものであった。

代替施設についての稲嶺のもう一つの主張は、「使用期限一五年」であった。在日米軍専用施設の四分の三が集中する沖縄に、普天間閉鎖の引き換えとはいえ、これ以上基地を新設する余地はあるのかという県民の反発は根強いものがあった。稲嶺は使用期限を区切ることで、この反発と何とか折り合いをつけようとしたのであった。

振り返ってみれば、橋本首相に対して自らの辞任と引き換えに基地受け入れを表明した名護市長の比嘉鉄也も「一時お預かりでヘリを受け入れることにした」と、あくまで期限付きの受け入れだとしていた。そして比嘉市長の受け入れ表明直前、大田の受け入れ同意を取り付ける「秘策」として「期限付き」が政府内で検討されたのも既述の通りである。

そもそも稲嶺は県経営者協会会長を務めるなど沖縄の代表的財界人であったが、一九九五年一〇月の少女暴行事件に抗議する県民大会では大田と並んで登壇しており、出馬表明直前には「基地政策では大田知事とほとんど違いがない」「大田知事の海上基地反対は間違いではなかった」と周囲に漏らしていた。[104]

稲嶺県政の発足時、同年七月に参院選で大敗した橋本首相は退陣しており、小渕恵三が首相となっていた。政府側は自らが推した稲嶺新知事の主張に対して、それまでの海上施設案を埋め立てに変更することは受け入れた一方で、「一五年期限付き」には稲嶺当選直後から「さまざまな要因に関連することで、（あらかじめ使用期限を設定するのは）困難だと考えている」（野中広務官房長官）と否定的で、アメリカ政府は「軍民共用」は受け入れ可能だが「期限付き」には反対を表明した。[105]

その後、代替施設の建設地として名護市辺野古沖合が決定され、名護市の岸本建男市長は「一五年」の使用期限や日米地位協定の改善などを条件に受け入れ表明を行った。一九九九年一二月二八日、これらを踏まえた普天間移設に関わる閣議決定が行われた。この決定では辺野古沖合への移設に加え、名護市など沖縄本島北部地域に今後一〇年間で一〇〇〇億円を投入する経済振興策が盛り込まれる一方、「使用期限一五年」については稲嶺知事や岸本市長の要請を「重く受け止め、米政府との話し合いの中で取り上げる」とされた。

しかし、青木幹雄官房長官は使用期限についてはあくまで「話し合いの中で取り上げる」

のであり、アメリカ政府との「協議」は軍事態勢に絞られるとの認識を強調した。[*106]
その後も政府は「期限」の問題を対米交渉で本格的に取り上げる姿勢を見せず、これに対して「着工前に一五年使用期限問題が解決しない限り、受け入れ表明を白紙撤回する」（岸本市長）、「一五年使用期限の解決にめどが立たないままでの着工はあり得ない」（稲嶺知事）とする沖縄側では、日本政府に対する不信感とともに、なし崩し的に代替施設建設が進むことへの懸念が深まることになった。
一方で小渕首相は学生時代から足繁く通っていた沖縄に対して深い思い入れを持っていたことでも知られる。その象徴が、警備上の課題などから不利との下馬評を覆した、トップダウンによるサミット（主要国首脳会議）の沖縄開催であった。だがそこには小渕のさまざまな狙いが込められていた。国際的な一大イベントの円滑な開催という至上命題は、沖縄の反基地運動を抑制する効果をもたらすと見られた。その一方で、主要国首脳や各国メディアは沖縄の米軍基地の実情を目の当たりにすることになり、それは日本政府にとって、沖縄の基地負担軽減に向けた対米圧力にもなりうる。
また沖縄サミットと西暦二〇〇〇年を契機として二〇〇〇円札が発行され、沖縄のシンボル的存在である首里城の「守礼の門」が描かれた。硬軟織り混ぜた小渕時代の「沖縄政策」であった。

第二章

小泉純一郎政権下の「普天間」

米海兵隊の大型輸送ヘリが、普天間基地に隣接する沖縄国際大学の校舎に接触後、墜落し、炎上。校舎の壁も黒焦げとなった（写真提供：共同通信社）

沖縄国際大学にヘリ墜落

二〇〇四年八月一三日の午後二時過ぎ、普天間基地に隣接する沖縄国際大学の向かいに住む住民が自宅前で携帯電話をかけていると、目の前のマンションの陰から突然、米軍のヘリコプターが現れた。後ろのローターはついておらず、機体がぐるぐる回りながら目の前に迫る。咄嗟に身をかがめ、「落ちる、落ちる」と電話口に叫んだ直後に爆風が吹き寄せ、長さ四メートルあまりのローターが飛んできて民家屋上のテレビアンテナや駐車場のバイクをなぎ倒した。墜落現場から一〇〇メートルの民家には窓ガラスを突き破って、生後六カ月の乳児が昼寝をしている一メートル脇に、こぶし大の部品が飛び込んできた。[*1]

墜落したのはイラク出撃を控え、普天間基地で訓練中だった米海兵隊の大型輸送ヘリCH―53Dで、飛行中にコントロールを失い、基地に隣接する沖縄国際大学の建物に接触した後、キャンパス内に墜落、炎上したのであった。乗務員三人が負傷する一方、夏休み期間中でキャンパス内に学生などが比較的少なかったこともあり、学生や大学職員、周辺住民に負傷者は出なかったが、この状況を見れば、それは奇跡的であったというべきであろう。その後この事故は、普天間基地内で米軍の整備員がヘリに部品をつけ忘れたことが原因であると判明した。

ヘリが接触した大学校舎は鉄筋がむき出しとなり、墜落現場から黒煙が立ち上った。米軍の動きは素早かった。墜落直後に米軍関係者が基地と大学の境界のフェンスを乗り越えてキャンパス内に入り、大学構内の墜落現場を封鎖した。米軍は大学関係者だけでなく、日米地位協定を理由に沖縄県警の現場検証も拒否し、事故機体や周辺の土壌を回収した。米軍は県警に一〇分間の写真撮影を認めただけで、県警幹部は「これが地位協定だ」「屈辱ですよ」と口にした。事故翌日に現場を視察した外務政務官の荒井正吾も事故機に近付くことを制止され「ここはイラクではない。日本の領土だ。米軍の原因調査に協力できる。日本の警察をもっと信頼してほしい」と在沖海兵隊幹部に不満をぶつける場面もあった。[*2]

事故から三日後には普天間基地前で抗議集会が開かれ、自然発生的にデモ行進となって沖縄県警機動隊とにらみ合いになった。地元・宜野湾市の伊波(いは)洋一市長の下には在日米海兵隊幹部が謝罪に訪れたが、同時に米軍が訓練再開を一方的に通告する場となった。[*3]

しかしこの墜落事故は、本土ではさほど重大事とは受け止められなかった。事故翌日の全国紙は、不祥事発覚に伴う読売巨人軍の渡辺恒雄オーナー辞任やアテネ五輪開幕をトップニュースとして扱い、海外出張を切り上げて面会を求めた稲嶺恵一知事に対しても、小泉純一郎首相が夏休みだとして、対応したのは細田博之官房長官であった。

稲嶺知事は「軍民共用」「一五年の期限付き」という条件で普天間基地の辺野古移設を容認する立場をとっていたが、移設実現の行方は不透明で、その一方、市街地に位置する普天間基地の危険性がこのヘリ事故で改めて示された形となった。稲嶺は事故後の政府に対する要請で、辺野古移設とは切り離し、普天間基地の早期返還に取り組むよう求めた。

しかしながら、このヘリ事故は、後述する世界的な米軍再編の動きとも絡んで、結果的に稲嶺が掲げていた条件を政府が一方的に破棄して辺野古に恒久的な基地を建設する契機として利用されることになった。一体、何がそのような帰結をもたらしたのであろうか。以下で遡ってその展開を追うこととする。

「米軍再編」との連動

そもそも稲嶺は「軍民共用」と「一五年の期限付き」を掲げて一九九八年の知事選で大

田を破って当選しており、稲嶺にとってこの条件は、県内移設を容認する上で譲れないものであった。しかし政府はとりわけ「一五年」について、アメリカ側が否定的だったこともあって真剣に取り合う気配を見せなかった。稲嶺や、同様の条件を受け入れの前提にしていた岸本名護市長が政府への不信感を募らせる一方、政府側による辺野古沖合での環境影響評価（アセスメント）や現地技術調査については、移設反対派によるさまざまな抗議活動もあって、しばしば作業が中断に追い込まれていた。

こうして停滞状態に陥っていた普天間移設問題に新たな展開をもたらしたのが、アメリカが冷戦後の国際環境の変化と軍事技術のハイテク化や情報ネットワーク化を念頭に一九九七年頃から開始した世界的な米軍再編計画であった。二〇〇一年九月一一日のアメリカ同時多発テロを受け、米軍は「テロの脅威」への対応を前面に打ち出し、先制攻撃を含むあらゆる脅威に対抗できる機動力や展開能力を重視する戦略にシフトした。世界各地に展開する米軍基地・司令部の整理・統合などが計画される中、日本に対しては、二〇〇三年一一月にアメリカ側から、米西海岸ワシントン州にある米陸軍第一軍団司令部のキャンプ座間（神奈川県）への移転や、東京都府中市にある自衛隊航空総隊司令部の横田基地（東京都）への移転などが提起された。

しかし、翌年春頃から協議内容が報道によって漏れ始めると、移設先として名前の挙がった日本国内の自治体では大騒ぎとなった。また、世界規模での対米協力に応じる代わりに日本国内の基地負担軽減を求めるべきだとする防衛庁の「トータル・パッケージ」と、対米協力は日米安保条約第六条にある「極東」の範囲にできるだけ止めるべきだと考える外務省の「スモール・パッケージ」の対立も浮上した。日米協議のみならず、省庁間の綱引きや自民党内の勢力争いも相まって、議論は複雑な経路をたどることになった。*[4]

こうした中、就任直後のラムズフェルド米国防長官が、二〇〇三年一一月、米軍再編を協議するために来日し、その足で現職の国防長官としては一三年ぶりに沖縄の米軍基地を視察した。その際、稲嶺知事との会談も行われた。稲嶺が「県民の基地感情はマグマのようだ。ひとたび穴があくと噴出する」と訴えたのに対し、ラムズフェルドは「（基地の）騒音はむしろ減少している」と反論し、会談は険悪な空気のまま終了した。

一方でラムズフェルドは、このとき海兵隊のヘリで普天間基地を上空から視察した。人口稠密（ちゅうみつ）な市街地の真ん中に位置する普天間基地の危険性を目の当たりにしたラムズフェルドは「この基地は、早くどこかへ移転する必要がある」と発言し、抑止力の低下を招かない範囲での海兵隊の沖縄駐留の見直しを指示した。沖縄の基地は当初、米軍再編計画の対象には含まれていなかったが、日本側が沖縄の負担軽減を求めていた経緯もあって、ラムズフェルドの沖縄訪問を機に、「普天間問題」に改めて光があてられることになったのである。[*5]

この動きをさらに加速させることになったのが、本章冒頭の沖縄国際大学へのヘリ墜落事故であった。この事故の翌月、アーミテージ国務副長官は「日米協議を加速させる代わりに沖縄の負担軽減をする」と日本側に提案した。[*6]

「海上埋め立て案」の行き詰まり

二〇〇五年に入ると、普天間移設をめぐって日本政府内でいったん既存の案を「白紙」に戻して再検討する局面もあった。その過程で浮上したのは、この時点での「現行案」である辺野古沖合埋め立て案のほか、辺野古メガフロート、嘉手納統合、沖縄本島中部の勝連半島南部の埋め立て、同半島北部の石油備蓄基地跡、沖縄本島北部への集中統合、海兵隊の県外・国外移転などであった。検討の結果、環境問題や反対運動、本土での受け入れ先の確保困難といった観点を考慮し、同年秋頃に「現実的」と判断されたのは、辺野古の沖合二・二キロに長さ二五〇〇メートルの飛行場施設を建設するという「現行案」を、一五〇〇メートルに縮小して陸地寄りのリーフ（環礁）に建設する「辺野古縮小案（リーフ内浅瀬案）」と、辺野古の海域に面した米海兵隊基地キャンプ・シュワブ内の陸上部分に建設する「シュワブ陸上案」の両案であった。[*7]

さらに同年九月には、「埋め立ては難しい」という小泉首相の指示で、日本側提案は「シュワブ陸上案」に一本化されたが、これは防衛庁の守屋武昌事務次官が外務省などを押し切って主導したものであった。

「シュワブ陸上案」のメリットは海上埋め立てよりも環境への負荷が小さく、また既存の基地内での建設であるため、反対派の抗議活動の影響を封じやすいと考えられた。守屋によれば小泉は、かつて神奈川県の自らの選挙区において、緑豊かな池子弾薬庫（逗子市）での米軍住宅建設計画に反対する住民運動への対応に苦慮したことを例にひき、「環境という言葉に国民は弱い。環境派を相手に戦っては駄目だ」と述べた。その上で小泉は、

「絶対に海に作るのは駄目だ」「君の考えで案を作ってくれ。事務方で交渉をまとめられないなら、俺がブッシュと話をしてまとめるから」と指示したという。[8]

守屋をこの「陸上案」に走らせたのは、海上での反対運動に悩まされてきた「怨念」（防衛庁幹部）であったという指摘もある。守屋の下には辺野古沖合の作業現場から、「もう我々だけでは阻止できません」という那覇防衛施設局職員の訴えが上がっていた。海上保安庁は防衛庁の要請に応じ、小型の巡視艇で反対派との間に入り、拡声器で反対派に阻止行動の停止を呼び掛けたが、それ以上の強硬手段に出ることはなかった。防衛庁に強制排除の権限はなく、守屋は那覇防衛施設局を通じて海上保安庁に「公務執行妨害罪で逮捕すると毅然とした態度を示せば、反対活動を止めることが出来る」と繰り返し要請した。しかし海上保安庁は不測の事態を招きかねないとして、反対派の強制排除に踏み切ることはなかった。[9]

「シュワブ沿岸案」へ

また辺野古沖合の現場からは、「現行案」は環礁の外にあって台風の影響が大きく、調査も困難だとの声があがっていた。防衛庁長官としてこの問題に対処することになる額賀福志郎も、反対運動と並んで「(「現行案」の建設予定水域は)深さが四〇メートルもあるうえ、太平洋の荒波を避ける防波堤をつくりながら滑走路を埋め立てていけば、膨大な工事費がかかる」ことを移設先見直しの理由に挙げている。[*10]

一方で外務省は、「現行案」は埋め立て工事に伴う地元業者の利権と、基地受け入れの苦渋という沖縄の微妙なバランスの上に成り立っており、計画見直しは米軍基地への不満を封じた「パンドラの箱」を開けかねないとして慎重であった。[*11]

これに対してアメリカ側は「シュワブ陸上案」について、既存の米軍施設や周辺民家に近接しており、ヘリの飛行経路に制約が生じるとして難色を示し、「辺野古縮小案」を推した。地元業者も埋め立て工事となることから、こちらを歓迎した。

協議が難航する中、日本側はシュワブ陸上部分に建設する面積を減らし、一部を沖合の海上に出す「半陸半沖」の「シュワブ沿岸案」を持ち出し、結局、二〇〇五年一〇月末になってアメリカ側もこれを呑んだ。

この直後の一一月中旬に日米首脳会談が予定されており、それまでにこの問題を決着させなくてはならないという力学が日米双方に働いた結果であった。ただし、アメリカ側はこの合意に至る過程で、一五〇〇メートルに縮小されていた滑走路を、垂直離着陸輸送機MV―22オスプレイの導入を視野に一八〇〇メートルに延長し、兵舎の移転費用や在沖海兵隊のグアム移転費用の一部を日本側に負担させるといった「実利」を取り付けた上での妥協であった。*[12]

またこれと併せ、沖縄駐留の海兵隊のうち司令部要員を中心とした七〇〇〇人（のちに八〇〇〇人に増員）をグアムへ移転させることや、嘉手納基地より南の基地の将来的な返還の可能性なども日米合意に盛り込まれた。これらの負担軽減策と抱き合わせにすることによって、海上埋め立ての「現行案」変更に対する沖縄の反発を和らげる意図であった。しかしいずれも、普天間移設の「実現」を条件としたものであった。*[13]

好機とされたヘリ墜落事故

しかし一連の交渉は、沖縄県や名護市の頭越しに進められたため、普天間移設に関する日米の合意内容は沖縄で大きな波紋を呼ぶことになった。二〇〇五年一〇月、守屋防衛事務次官が記者会見で普天間移設計画の変更をめぐる日米交渉の事実を認めた際、稲嶺知事は県議会で「これまでの経緯を尊重して対応していただきたい」とクギを刺した。「シュワブ陸上案」は過去にも検討されたが、集落に近いため騒音対策と住民の安全が確保できないとして立ち消えになり、辺野古沖合に軍民共用空港を整備する「現行案」に落ち着いた経緯があった。また、稲嶺はあくまでも「一五年」という暫定的な受け入れを掲げて知事に就任しており、将来的な「県外移設」が一向に考慮されないまま日米協議が進むことは危惧すべき状況であった。[*14]

しかし、稲嶺などの危惧をよそに一〇月二九日、日米政府は米軍再編「中間報告」で、「シュワブ沿岸案（L字形案）」で正式合意したことを発表した。「頭越し」の合意に反発する沖縄県と名護市は受け入れを拒み、県は「従来案（辺野古沖埋め立て案）でなければ県外移設」を求める方針を打ち出した。また日米政府による新たな計画では、稲嶺が容認条件に掲げてきた「軍民共用」と「一五年使用期限」が白紙化されていた。沖縄県にとってこの計画変更は、積み上げてきた地元と政府の議論を一方的に破棄するものであった。

防衛庁はこの頃、名護市などで配布したパンフレットで、日米政府が従来案を破棄して新たに「沿岸案」を打ち出した理由について、「二〇〇四年八月の沖縄国際大学への米軍ヘリ墜落事故」を冒頭に挙げた。同事故を受け、「より早期の普天間飛行場の移設・返還の必要性が日米両国で強く認識された」結果だというのである。

沿岸寄りに移す「計画見直し」は、従来の沖合に比べて工事の難度を下げ、かつ反対派の排除も容易にするメリットがあった。日米政府にとっては、米軍ヘリ墜落事故が発生したことによって、工期短縮で普天間の危険性の早期除去が可能になるという「沿岸案」の大義名分が成り立つようになったともいえる。言ってみれば日米政府は「一五年の期限付き」など懸案だった稲嶺県政の移設条件を反古にし、建設工事もよりスムーズになる「計画変更」を実現する好機として、沖縄国際大学への米軍ヘリ墜落事故を用いたのである。

稲嶺にとって「一五年使用期限」と「軍民共用」は、一時的に代替施設を提供するにせよ、それを使用する海兵隊の将来的な「県外移転」を前提としたものであった。つまり普天間代替施設は、完成から一五年後には海兵隊が県外に移転することによって民間専用空港となり、県民の財産になるというのが「受け入れ容認」の前提であった。

ところが日米政府間の交渉では、沖縄県の幹部が「いつの間にか県内移設の話になっていることは到底納得できない」と憤慨したように、「一五年使用期限」や海兵隊の「県外移設」が本気で扱われることはなかった。[15] 交渉の中心にいた大野功統(よしのり)防衛庁長官は後日、「アジアにおける安全保障環境の中で沖縄が持つ地理的な意味や抑止力の観点から、その議論はあまり展開できなかった」として、「県外移設」を本気では持ち出さなかったと明かしている。[16] 沖縄では海兵隊の「県外移設」はどれだけ真剣に議論されたのかという政府への疑心が、その後もくすぶり続けることになる。

小泉首相の「県外移設」

日米合意によって「シュワブ沿岸案」が固まるまでは、稲嶺知事は小泉首相のリーダーシップに期待をかけていた。小泉が沖縄の負担軽減や「県外移設」の実現を目指す姿勢を示していたためである。

小泉は二〇〇四年九月の日米首脳会談で沖縄の基地負担軽減を提起し、ブッシュ大統領から「効率的な抑止力を達成し、地元負担の軽減に努力していきたい」との発言を引き出していた。さらに小泉は翌一〇月の講演で、沖縄の米軍基地の日本本土移設を進める方針を表明して「（沖縄以外の）自治体が（基地の移設受け入れを）オーケーした場合には（日本はこういう考えを持っているということで）米国と交渉する」と述べ、さらに「沖縄以外も、少しは『自分たちも（基地を）持っていい』という責任ある対応をしてもらいたい」と踏み込んでいた。

またこれと前後して小泉は外務省と防衛庁に対して、沖縄の海兵隊を念頭に、「（日本土の）受け入れてくれる自治体に移すことはできないか」と問い、一方で外務省に対しては「沖縄に限らず、米軍基地の負担を自治体は望んでいないと米国に言えばいいじゃないか」とも述べたが、従来からことあるごとにアメリカ側と米軍による抑止力の堅持を確認し合ってきた外務省では、「そんなことは言えるわけがない」という反応であったという。

小泉は一九九五年に自民党総裁選挙に立候補した際、在日米軍の駐留経費負担をめぐって、「米国が負担し切れないなら……その分を日本が自分でやる自主性をもつことが必要だ」と主張するなど、「自主防衛論者」としての一面を見て取ることができる。[*17]

しかし、小泉の政治家としての主たる関心が、そこにあったわけではないのも確かであろう。米軍再編をめぐる一連の日米協議の過程では、候補地となった本土各地の自治体で反発が相次いでいた。これが国内で政治問題化することを懸念する日本側当局者は、二〇〇四年七月に予定された参議院選挙後への協議先送りをアメリカ側に求めるなど、細心の注意を払うことを余儀なくされていた。結局、小泉が米軍基地の「本土移転」や関係自治体への説得に本腰を入れる気配はなく、小泉の関心も二〇〇五年八月の「郵政解散」に至る郵政民営化に集中していくことになる。

二〇〇六年六月二三日、沖縄全戦没者追悼式に出席した小泉は、「沖縄の米軍基地負担軽減について、負担を本土に移そうというと自治体が全部反対する。実に難しい」「総論賛成、各論反対。自分のところには来てくれるなという地域ばかりだ」と発言し、沖縄側の淡い期待を完全に打ち砕いた。この間、政府が具体的な地名を挙げて、移転先の自治体と交渉した形跡はいっさい認められなかった。小泉の「軽さ」は、「誠意のなさ」と紙一重と見えなくもなかった。

対経世会闘争の「影」

こうして普天間移設をめぐる日米交渉が沖縄の「頭越し」で進められる中、那覇市長の翁長雄志（現知事）は二〇〇五年一二月、那覇防衛施設局長の西正典に海上自衛隊のP―3C哨戒機の手配を依頼して硫黄島（東京都）の自衛隊基地などを視察した上で記者会見を開き、普天間基地の硫黄島移設を提起するという行動に出た。当時の思いについて翁長は「米軍再編で沖縄の運命みたいなものが頭越しに決められていく」ことへの強い焦りがあったと吐露している。*18

初代沖縄開発庁長官の山中貞則のほか、橋本龍太郎、小渕恵三、梶山静六、野中広務といった自民党派閥「経世会」の系譜に連なる有力政治家は、戦中戦後の沖縄に対する「贖罪の精神」を抱え、沖縄の保守の基盤ともいえる沖縄の財界とも太いパイプを保持していた。翁長は「尊敬する人」として、野中を挙げている。野中は一九九八年の沖縄県知事選で稲嶺恵一を支援するため、「自公協力」体制の構築に尽力するなど沖縄の政治動向にも深く関与してきた。翁長の脳裏には、当時の野中の人心掌握術や政治手腕の巧みさが焼き付いているのかもしれない。

しかし、小泉政権下で普天間移設をめぐる議論が活発化したこの時期は、小選挙区制度の導入によって自民党の派閥政治が弱体化する転換点とも重なり、自民党有力政治家がかってのような影響力を行使できなくなっていた。そうした中、守屋防衛事務次官が小泉官邸の厚い信頼を背景に、普天間問題をめぐる対米交渉や沖縄基地政策の主導権を掌握する状況が生まれていた。

一官僚にすぎない守屋が前面に出て、県政をはじめ沖縄の経済界や自治体首長、区長レベルにまで直接てこ入れを図る「地元対策」に辣腕をふるうという光景が展開されていくのは前代未聞の事態だった。それだけに、守屋の強硬路線に対しては沖縄の伝統的な保守層からの反発も強かった。一方で、守屋がこうした辣腕をふるうことができたのは、これまで培われてきた沖縄保守の主流派と自民党中枢とのパイプが機能しなくなりつつあることの反映でもあった。

小泉は二〇〇五年一〇月に行った最後の内閣改造で、防衛庁長官に「経世会のプリンス」とされた額賀福志郎を起用した。それまで経世会が強い繋がりを有していた沖縄であったが、普天間移設は極めつけの難題と化しつつあった。こうした中、経世会勢力の一掃をもくろむ小泉はあえて額賀を充てることで、「つまずいたら、すべて額賀に泥をかぶせる」意図であったと指摘する政府関係者もいる。*19

「沖縄利権」と守屋次官の強硬路線

新たに打ち出された「シュワブ沿岸案」に反発を強める稲嶺知事は政府首脳に対し、破棄されることになる従来案は「苦渋の末の選択」であったと強調し、来る米軍再編最終報告では普天間の「県外移設」を盛り込むよう強く求めた。[*20]

その一方で名護市の岸本市長は、「シュワブ沿岸案」を拒否する姿勢を示しつつも、「最終合意までに技術的な問題を詰め、受け入れられるか（国と）話し合いましょう」と含みを持たせ、年が明けた二〇〇六年一月、「シュワブ沿岸案」をほぼ同じ形状のまま約八〇〇メートル沖合に出す案を提示した。そこには騒音や安全性を考慮して住宅地やリゾート施設から離すことに加え、埋め立て面積を増やして地元土建業者の利益を増やす意図もあったといわれる。[*21]

岸本は翌二月に病気療養のため市長を辞し、その翌月に死去するが、人生の最期に「普天間問題の後始末をしなければならない」との思いが強かった。代替施設受け入れについて、本来岸本が求めていたのは米軍の運用に関わる使用協定であった。しかし嘉手納基地では騒音規制措置の例外規定を逆手にとって米軍機の深夜未明の離発着が繰り返されるなど、実効性を欠いていた。いったん基地が提供されれば、日本政府も「米軍の運用にかかわる問題」として地元の苦情をはねつけてきた現実を岸本は肌で知っていた。移設がやむを得ないのであれば、軍専用のできる限りコンパクトなヘリポート施設を、住民の生活空間からなるべく遠ざけて整備させるというのが岸本の一番の願いだったのである。*[22]

　これに対して「実行可能性」を最重視していた政府は、名護市が提案した沖合への移動では、反対運動などで挫折した「従来案」と同じ事態が繰り返されると判断し、大幅修正を拒否した。日米が合意した「沿岸案」であれば、埋め立て部分の大半が常時立ち入り禁止の米軍提供水域となっており、海上からの反対活動が及ばないとの考えであった。これに対して岸本市長は、「沿岸案」を前提とした政府との個別協議には応じないと表明し、後継市長に就任した島袋吉和もこれを踏襲するとした。

　しかし政府側は小泉首相以下、修正の可能性はないと繰り返した。政府から見れば、難航の末にこぎ着けた「沿岸案」の日米合意を今さら動かすことはできず、また、名護市を含む北部地域に一〇年間で総額一〇〇〇億円という振興策が投入される一方、辺野古への移設は停滞するばかりという状況に地元への不信感を募らせていた。それが従来のような「沖縄の声を聞く」という柔軟路線と決別し、「力で抑えなければだめだ」という判断につながった面もあろう。[*23]

その典型が、この局面において「沖縄の戦後を終わらせる」と口癖のように唱えた守屋防衛事務次官であった。守屋がその後、防衛装備に関わる収賄罪で実刑を受けた後に記した回顧録は、いささか陰謀論めいた沖縄への不信感で彩られているが、その叙述は意に沿わない名護市や地元業者を排除するためには地元の地区レベルへも浸透を図り、「邪魔者は徹底的に排除する」とされた守屋の「世界観」が反映されたものだといえよう。[*24]

地元懐柔策の内幕

米軍再編最終報告までに地元から「沿岸案」への同意を取り付けようと、守屋は二〇〇六年一月、那覇防衛施設局長に佐藤勉を抜擢（ばってき）する。佐藤はノンキャリア採用だが、同局勤務が過去三回に及び、守屋とは駆け出し時代に席を並べて勤務した「竹馬の友」ともいえる間柄だった。守屋は沖縄の事情に精通している佐藤を「地元懐柔」のために必要としていた。

　この頃政府内部では防衛庁、外務省、内閣府などは一見したところ、新たな合意案に地元の理解を得る方針で一致していたものの、それぞれ微妙に異なるスタンスであった。外務省や内閣府は日米が「沿岸案」で合意した後も、沖縄に対して同情的な態度も示していた。そうした中、あくまで沖縄側の要求を突っぱねる守屋の強硬路線に対する反発は沖縄で強まるばかりであった。一方、守屋にとっては「沿岸案」で日米が合意した際、アメリカから日本側の「実行責任」を念押しされていたことが重いプレッシャーとして作用していた面は否めないだろう。

　とはいえ、守屋の強硬姿勢の背景には、これを支持する小泉官邸の存在があった。佐藤は沖縄赴任に際して防衛庁の額賀福志郎長官から「従来は沖縄の意向を確認し、それを反映した施策を推進したが、この手法はとらない。頭越しにはやらないのが従来のスタンスだったが、今回は政府の責任で案をつくり、地元の理解を求める」と告げられている。佐藤はこのとき、「従来とは違うと強く認識した。沖縄を甘やかすことはしない、毅然としてやるんだ、という意思の表れだと感じた」と述懐している。[*25]

佐藤は守屋の指示の下、移設候補先に近い名護市東海岸の久辺三区（辺野古、久志、豊原の各区）の説得工作に着手した。ＳＡＣＯ合意に伴い、名護市に支給されていたＳＡＣＯ交付金の配分をめぐっては、市街地の西海岸地域の事業にシフトし、移設候補先に近い東海岸地域が十分な恩恵に浴していないとの不満が久辺三区にくすぶっていた。佐藤は、振興策が西海岸地域に集中しているデータを久辺三区に提示するなどし、この不満をあおることで、「沿岸案」を容認しない名護市から地元区を分断しようと試みた。

また、法律上の根拠がない個人補償の「アメ」もちらつかせ、防衛庁が何でもできるかのような幻想を地元区に抱かせることを意図した。さらに、守屋が「沿岸案」の沖合移動を画策する「黒幕」と見ていた、沖縄砂利採取事業協同組合理事を務める地元業者に対しては、佐藤が直談判して協力を求めたほか、その業者の経営状態を調べて融資元に「締め付け」の依頼まで行った。[*26]

防衛庁は名護市内の地元区や業者といった「外堀」を埋めつつ、「本丸」の市当局にも攻勢をかけた。額賀長官や守屋次官が、島袋吉和市長や末松文信助役、名護市議らとたびたび面談し、「沿岸案」への同意を促した。

二〇〇六年三月上旬になって名護市は、集落への影響軽減と政府との協調を図る妥協策として、沖合に出す距離を従来の八〇〇メートルから四五〇メートルに縮める案を提示した。これに対して政府側は「沿岸案」を基本にしつつも滑走路の向きを変え、米軍機が集落の上を通らない微修正案を検討し、同月下旬に名護市と政府側との協議が再開された。

突如、浮上した「V字形案」

この間、稲嶺知事は「従来案以外なら県外移設を」という立場を崩さなかった。「沿岸案」を実現に移すためには、公有水面埋め立ての認可権を持つ県知事の同意が必要になる。政府内では許可権を国に移す特別措置法も検討されたが、これも強硬策をちらつかせることで、稲嶺の態度軟化を図ろうとする戦術とみられた。[*27]

結局、四月七日になって額賀長官と島袋市長は、新たに政府側が提示した「V字形」に滑走路を二本つくるという再修正案で合意した。建設場所は「沿岸案」とほぼ同じだが、離陸時と着陸時の滑走路を分けることで、飛行ルートが集落の上を通ることを避けられるという案である。突如浮上したかに見えた案だったが、「米側に提示していて、了承を得たので地元への提示に踏み切った」[*28]（政府関係者）ものであった。受け入れに踏み切った島袋市長にとっては、政府との協議の結果、「交渉決裂・沿岸案強行」となることが最悪のシナリオであり、飛行ルートが集落にかからない「V字形案」を振興策とともに受け入れる方が良策であった。[*29]

これを知らされた稲嶺知事は、「まったく想像外ですので、コメントできない」「合意は名護市の主体的な判断でなされたもので、それなりに尊重したい。県は県のスタンスを堅持したい」と、戸惑いを隠さなかった。[*30]

稲嶺がこだわっていた「従来案」には使用期限という「タガ」があったのに対して、使用期限に言及がない今回の案を受け入れれば沖縄として初めて基地の固定化を自ら認めることになる。この頃県庁内では、ひとまず普天間基地の危険性を除去するために、キャンプ・シュワブ陸上部の基地内に暫定的なヘリポートを建設し、普天間のヘリ部隊を移すという案が検討されていた。しかし名護市が「V字形案」で政府と合意し、先を越される形となった。五月には稲嶺がこの「暫定ヘリポート案」を表明した上で、政府にも要請したが、既に「V字形案」で名護市の同意を取り付けた政府にとって、検討に値するものではなかったであろう。[*31]

普天間基地のヘリ部隊については、二〇〇四年四月にアメリカ側がほかの在沖海兵隊の大規模な日本本土移転と合わせて暫定的に嘉手納基地に移す案を打診してきたが、日本側が移設先に挙がった本土自治体の反発を懸念して、踏み込んだ対応をとれなかったという局面もあった。そもそも日本政府は、在沖米軍各部隊の機能も個別具体的には把握しておらず、「日本案」を提示するための基礎知識も欠いていたとの指摘もある。[*32]

政府と名護市の合意によって追い詰められた稲嶺は、五月一一日になって額賀防衛庁長官との間で、辺野古への移設について「政府案を基本とする」基本確認書に署名した。しかし稲嶺は記者会見で、政府案に同意したのかと問われると「まったく違う」と反論し、「場所についてこれを基本として話をするということだ」と述べた。[*33] 移設場所では同意したが工法などは確定しておらず、暫定ヘリポート建設という県の案を実現する余地は残っているという主張であったが、分かりにくい面は否めなかった。そもそも前知事の大田を追い落とすため自民党によって擁立された稲嶺であったが、政府との決定的対立は避けたい一方で、政府案受け入れで県民の支持を失うことも避けたいという板挟みの末の判断であった。

稲嶺県政が提起した「暫定ヘリポート案」は、実のところ、普天間返還問題の原点ともいうべき橋本―モンデールによる返還合意発表時（一九九六年四月）の内容に近いようにも見える。しかし同案は稲嶺の任期満了が近付いていたこともあって熟成せず、次の仲井真県政でも顧みられることのないまま埋もれて行くことになる。[*34]

「頭越し」の閣議決定破棄

政府は二〇〇六年五月三〇日、難航した在日米軍再編について、普天間移設を含めて閣議決定した。しかし、政府と沖縄県の調整は最後までもつれた。「暫定ヘリポート案」の余地が残る表現を求める稲嶺県政と、埋め立てによる滑走路建設までを書き込もうとする政府側との間で激しいやり取りが重ねられ、後述するような稲嶺県政への配慮もあって最終的には政府が譲歩して地名の明記を避ける形になった。沖縄県側は、県が日米合意案に同意していないことも明記するよう求めたが、翌六月末に日米首脳会談が予定されていたこともあって、決着を急ぐ政府はこれを退けた。

またこの閣議決定には、普天間移設に関わる一九九九年の閣議決定を破棄することも明記された。小渕政権下で行われた一九九九年一二月の閣議決定には「軍民共用」や「使用期限」についての日米協議、一〇〇〇億円の北部振興策などが盛り込まれていた。これに対して新たな閣議決定からは軍民共用や使用期限に関する記述が消えていた。先にも指摘したように、日米当局者には、「従来案」を破棄することによって、懸案となっていた使用期限問題も白紙にできるとの思惑があったことは確かであろう。[*35]

振興策についても、九九年の閣議決定に比べて具体性を明記しないものであり、代わって防衛庁は再編合意の円滑な実施を企図し、米軍再編の対象となる全国の自治体に対して、協力の度合いに応じて予算を配分する新たな交付金制度も打ち出した。

こうして二〇〇六年の閣議決定は総体としていえば「従来案」の破棄であり、「政府は『北風と太陽』のうち北風を選んだ」(内閣府幹部)という性格のものとなった。[*36]

この閣議決定を受けて稲嶺知事は、移設問題や振興策で県の主張が十分に盛り込まれなかったとして、「このような閣議決定がなされたことは極めて遺憾」とするコメントを発表し、新たに設けられる政府と地元との協議機関にも参加しない意向を示した。[*37] 稲嶺知事の強い姿勢の背景には、「従来案」が一方的に破棄されたことへの憤りに加え、同年一一月に迫った県知事選への考慮があった。既に稲嶺は退任を表明しており、保守陣営は後継候補の選考中であった。稲嶺が県民の反基地感情に配慮せず、政府案を前提とする協議に応じれば後継候補もそれに縛られ、選挙には不利になる。政府にとっても「野党系が勝てば、また計画が進まなくなる」[*38]（外務省幹部）ことは憂慮すべきシナリオであった。

稲嶺知事の苦悩

稲嶺知事は新たな閣議決定に反発したものの、かといって「従来案」に戻る可能性や県外移設が実現する目処（めど）は立たず、このままでは政府との亀裂が深まるばかりとなることが予想された。稲嶺県政はもともと、大田知事が在任末期に政府と断絶状態に陥り、そのことが地域振興にも悪影響を及ぼしているという地元経済界や保守政界の不安や批判をうけて、全国に先駆けて自民・公明がタッグを組んで誕生したという経緯がある。

ところが「中央とのパイプ」が最大の武器であり、沖縄における「保守の王道」ともいえる位置にあった稲嶺が、「普天間問題」という同じ轍（てつ）を踏むことで、革新県政の大田の二の舞となりかねない情勢であった。稲嶺は離任後、政府による一方的な従来案の放棄について「知事をしていて一番ショックだった……あれが岐路だった[39]」と、政府との信頼関係が崩れる決定的要因であったと振り返る。

稲嶺の父・一郎は石油卸売販売会社「りゅうせき」創業者で、自民党の参院議員を三期務めた沖縄保守界の重鎮であった。稲嶺は父の勤務地であった中国・大連に生まれた。沖縄戦当時、台湾に疎開していた稲嶺は、慶応大を卒業後、いすゞ自動車勤務を経て、りゅうせきに入社した。日米同盟という「国益」と、米軍基地の整理縮小という「県益」の狭間に立たされる重圧は、歴代沖縄県知事に共通しているが、政治家や行政経験のないまま知事に担ぎ出された稲嶺にとっては一層つらかったようである。「基地問題が頭から離れない。飲んで、忘れるためじゃない。眠れないんだ[40]」と、知事在任中を振り返った。

稲嶺県政の特徴は「ブレーン政治」ともいえる。政策立案は県経済界や保守勢力の意向に配意しつつ、副知事や政策参与といった県幹部が描いたシナリオに従い、基地問題で稲嶺自身の主義主張を強く打ち出すことはなかったという。記者とのやり取りも感情を表には出さず、自らの言葉で語ることは避け、事務方が用意した応答要領の範囲内でコメントするのが常であった。

知事退任後、稲嶺はマスコミの取材に対して本音を話す場面も多くなった。「当時でも六割が移設に反対し、悩みに悩んだ末にギリギリの落としどころを模索しながら、何とか合意にこぎつけた。ところが政府は沖縄は一回オーケーしたのだからと、後は県を甘く見て強く出てきた。移設作業が進まないと、『協力しない稲嶺が悪い、沖縄が悪い』とすべての罪をなすりつける。そして合意までのこちら側の努力を一切無視した。これでは積極的な協力はできなくなる。そういう政府の態度は今も変わっていない」と心情を吐露した上で、「目の前のことだけに対処していくだけではほころびが出て、いつかつまずく……沖縄県民の民意というものを抜きにして移設作業を進めることが長い目で見て日米同盟のプラスに本当になるのか、ということを（日米）両政府は考えないといけない」と言う。[*41]

仲井真知事の登場

こうして稲嶺県政の末期は、大田県政末期の再来ともいえる政府との断絶に近い状態に陥った。これをリセットするべく登場したのが、同じ保守系として稲嶺後任の知事となる仲井真弘多(ひろかず)であった。県内経済界が支持母体の仲井真には、基地問題を早くかた付け、得意とする経済分野で手腕を発揮したいとの思いがあった。

稲嶺退任後の知事選に際して、仲井真は普天間移設問題について「現行案のままでは容認できない」と表明する一方、「名護市の意向を尊重する」こと、騒音被害を軽減するため「可能な限りの沖合移動」を容認条件に挙げた。稲嶺が「一五年使用期限」などの公約に縛られ、政府との協調路線を断たざるを得なかった経緯を踏まえ、仲井真の政策ブレーンは稲嶺の後継候補として齟齬(そご)のないよう留意しながらも、知事就任後の政府折衝で仲井真の裁量の余地をなるべく多く残すことに砕心した戦略であった。

二〇〇六年一一月一九日に投開票された県知事選では、自公の後押しを受けた仲井真が約三五万票を獲得し、民主党や共産党が推薦した沖縄の地元政党・社会大衆党副委員長の糸数慶子（約三一万票を獲得）を破って当選した。

仲井真は東京大学工学部を卒業後、通産省（現経済産業省）に入省。一九九〇年に大田県政で副知事に就任し、経済政策を担当した。退任後には沖縄電力の社長や会長を務め、沖縄のエリートコースの典型を歩んだ。だが、経歴から抱く堅いイメージとは裏腹に、性格はあけすけなところがあり、建前を嫌い、感情も隠さず本音で語ろうとする、ある意味で稲嶺前知事とは対照的な面もあった。また、実態はともかく、稲嶺が折に触れて「県民党」の旗印を掲げたのとは異なり、同じ経済界出身の保守政治家でも、仲井真は与党への肩入れがストレートであった。

象徴的だったのが、二〇〇八年六月の沖縄県議選である。選挙前の仲井真は県議選が自身への信任投票の側面があるとあえて強調し、与党の過半数確保について「一二〇％」と自信をみせた。しかし結果は与党自民の惨敗だった。にもかかわらず仲井真は県議選開票当日、当選した与党議員の名に花を飾ってみせた。誰の目にも、与野党が逆転する選挙後の県政運営にとってプラスに働く行為ではなかった。こうした脇の甘さが露見するたび、強力な「トップダウン型リーダー」を自任する仲井真に気兼ねし、事務方が的確な進言を怠っているのではないかとの指摘もなされた。この点も、周囲の意見を重視する「ブレーン政治」を敷いた前知事稲嶺とは対照的であった。[*42]

稲嶺後継とはいえ、普天間移設問題に対する仲井真のスタンスは、明らかに稲嶺とは異質だった。「基地の固定化、恒久化を避ける」という稲嶺の政策理念の柱に、知事選に際しての仲井真の選挙公約ではまったく顧みられなくなっていた。仲井真は「可能な限りの沖合移動」を容認条件に掲げたものの、選挙中も具体的な沖合移動の距離を提示することは避け、限りなく政府案に歩み寄る姿勢をにじませていた。

県内移設容認に対する稲嶺の「苦渋」の影が、仲井真からはうかがえなかった理由の一つとして「国防」に対する協力意識が強かったことが挙げられる。仲井真は知事就任前から沖縄県防衛協会会長を務めており、「国防」の面から自衛隊だけでなく沖縄の米軍基地に対する理解の普及を広げる立場でもあった。沖縄の経済界や保守政界の間でこのような仲井真の姿勢を容認する雰囲気が強かった背景には、大田、稲嶺と二代にわたって普天間移設問題で政府と軋轢が絶えなかったことからくる「基地疲れ」があったことも否めない。そして何よりも、「辺野古移設容認が前提であれば政府との折り合いはつけられる」という仲井真の楽観が作用していたのも事実だろう。

中央では小泉政権に代わって、二〇〇六年九月に第一次安倍晋三政権が発足していた。こうした中で、稲嶺の後継である仲井真が当選すると、普天間をめぐる沖縄県と政府の交渉が仕切り直しされる気運が高まった。

「名護市の意向を尊重する」と公約に掲げた仲井真が知事に就任したことに力を得たのは名護市の島袋市長だった。島袋は知事選後、再び沖合移動の実現を試みる。名護市が一〇〇メートル単位の沖合移動を政府に要請しようとしているとの情報を得た守屋は、「(沖合移動は)一ミリたりともダメだ。アメリカ側が応じない」と突き放した。

守屋は島袋市長や仲井真知事による沖合移動の要求について、地元業者の埋め立て利権が背後にあると認識し、「埋め立て面積を増やし、工期を八年よりさらに延ばしたい腹。沖縄の金権体質そのものだ」と批判した。しかし実際には、埋め立て利権の恩恵に浴する地元企業は限られていた。仲井真らには当選の勢いに乗って「早期決着」を図るため、政府側にも多少の妥協を求めているという思いのほうが強かっただろう。それゆえ、政府が微修正にも応じない姿勢を示したことは、仲井真にとって大きな誤算であった。政府から修正に関して厳しい反応が出るたび、反発のトーンを強めていた仲井真も引くに引けなくなる。自身の知事就任で早期の事態収拾を図る意向だった仲井真は、公約の「沖合移動」の実現にこだわれば移設作業の停滞を招き、ひいては「普天間閉鎖」を遅らせてしまうというジレンマを抱えることになった。*43

一方、守屋は二〇〇七年四月に小泉前首相と面談し、「沖縄の協力なしで、普天間問題は出来るか?」と問われた際、「やれます」と答えたことを自著に記している。守屋には「基地内移設ならばクリアできる」との認識があった。[*44] 陸域の既存基地内と制限水域内に移設工事の範囲が収まれば、「基地内」として反対派の阻止行動は制御できると考えていたことがうかがえる。

辺野古へ海自艦艇を

守屋による強硬路線の極めつけは、海上自衛隊の掃海艇「ぶんご」の辺野古沖への派遣であった。防衛省は二〇〇七年五月一八日、辺野古沖合での調査機器設置のため、海上自衛隊の掃海母艦「ぶんご」を派遣して海自隊員による作業を敢行した。調査に反対する市民の阻止行動を避け、短期間で確実に設置するための措置であった。

この年の一月、防衛庁は長年の悲願だった「省」への昇格を果たしていた。防衛事務次官として「省格上げ」に奔走した守屋は、「安全保障の政策官庁ではなく『自衛隊管理庁』と呼ばれる防衛庁と、『憲法違反』だと言われ続けた自衛隊の、国政上の位置づけを明確にすることが出来る」と感慨深く受け止めている。[*45]

だが辺野古への自衛隊動員は、省に昇格して間もない防衛省の「奢り」とも取られかねない、極めて政治的リスクの高い手法であった。海中での海自隊員の作業は反対派や報道陣にリアルタイムでは察知されずに行われたが、一歩間違えれば自衛隊が反対派市民と対峙しかねない状況だった。沖縄戦で住民を壕から追い出したり、スパイ扱いしたりして殺害することもあった旧日本軍の記憶が色濃く残る沖縄で、自衛隊は旧日本軍のイメージと重ねて見られることのないよう、住民との信頼関係の構築にとりわけ神経を注いできた歴史を守屋が知らないはずはなかった。それでも「移設実現」に邁進する守屋には、手段を選ばないとの思いが強かったのであろう。

仲井真は、県内世論を刺激することも辞さない守屋の強硬姿勢を厳しく批判した。こうした守屋の手法を苦々しく見ていたのは、仲井真の知事選公約の政策立案に関与した那覇市長の翁長雄志（現知事）も同様だった。米軍再編以前から、自民党県連幹事長などの立場で自民党中央の政治家と懇意にしてきた翁長は、米軍再編を契機に政府との交渉が「はるかに厳しくなった」と肌で感じたという。

かつては沖縄に応援演説に来る自民党の大物政治家は、日米安保の重要性を唱えながらも、戦中戦後の沖縄との個人的体験や戦争の原体験などを織り交ぜるなど、県民の心のひだに触れようとする必死の思いがよく伝わった。それが劇的に変化したのは小泉政権以降だという。「小泉さんは（二〇〇六年一一月の）知事選に立候補した仲井真さんの顔すら知らなかった」と翁長は述べている。さらに「本当は守屋さんあたりが一番沖縄のことを分かっていたはずなのに、愛想を尽かしてドライに物事を進めようとした」と守屋に苦言も呈している。*46

守屋は二〇〇七年一一月、防衛装備品納入をめぐり便宜を図った見返りにゴルフ旅行などの接待を受けたとして、東京地検特捜部に収賄容疑で逮捕され表舞台を去る。安倍（第一次）、福田、麻生の各政権がいずれも短命に終わり、目まぐるしく首相が交代する中、政府内の牽引役(けんいん)が不在のまま、「普天間」も漂流することになる。

第三章
鳩山由紀夫政権と「最低でも県外」

「最低でも県外」から一転、辺野古回帰を決めた鳩山首相は沖縄を訪問し理解を求めるも、県庁前では県内移設反対集会が開かれ、裏切られた県民の「怒」の文字で埋めつくされた（写真提供：共同通信社）

「県外」明言の背景

衆議院解散を二日後に控えた二〇〇九年七月一九日、民主党代表の鳩山由紀夫は、来る総選挙で最重点区の一つである沖縄を訪れた。この総選挙では結果として民主党が大勝し、鳩山政権発足となる。「政権交代」の気運が高まる中、鳩山も高揚感を隠さなかった。沖縄本島中部、嘉手納基地に隣接する沖縄市民会館で演説を行った鳩山は、日米安保は「大事な発想」だとした上で、「辺野古には私も行ったが、あんな美しいところに滑走路を造る発想が、どうしてもストンと落ちない……（日米間で）議論を進めていく中で、最低でも県外の移設に皆さん方がお気持ちを一つにされておられるならば、その方向に向けて積極的に行動を起こさなければならないと思っている」と、こぶしを振り上げ弁を振るった。その後、鳩山首相の「軽率さ」を象徴する言葉として流布する「最低でも県外」だが、この時点では全国紙は「普天間県外移設『米側と協議へ』」など、ベタ記事扱いであった。*1

このとき鳩山代表の民主党が相対する麻生太郎首相率いる自公連立政権は、辺野古沿岸を埋め立てる「V字形案」の推進を掲げていた。しかし、鳩山が麻生政権打倒の勢いにのって「最低でも県外」を掲げたと見るのは誤りである。普天間代替施設の「県外移設」は実のところ、鳩山にとって年来の持論であった。
その発端は鳩山が旧民主党を結成した一九九六年に遡る。鳩山は九月の結党直後に「民主党　私の政権構想」と題した論文を発表したが、その中で当時沖縄の大田県政が掲げていた「国際都市形成構想」に言及し、同構想を実現するには「沖縄の米軍基地が返ってくることを可能にするようなアジアの紛争防止・信頼醸成の多国間安保対話のシステムをどう作り上げていくか」、また「本質的に冷戦の遺物である日米安保条約を二十一世紀のより対等で生き生きとした日米関係にふさわしいものにどう発展させていくか」が重要だとし、「二十年後には基地のない沖縄、その前にせめて米軍の常時駐留のない沖縄を実現していきたいとする彼らの夢を、私たち本土の人間もまた共有して、そこから現在の問題への対処を考えていく」と訴えていた。[*2]
大田知事の代理署名拒否は、冷戦後の米軍「一〇万人体制」維持に対する異議申し立てであったが、鳩山の「県外移設」も「冷戦後」に対応した地域秩序の模索に端を発したものだったのである。

その後、民主党は二〇〇三年に自由党を事実上吸収するなど党勢を拡大していく。その間、二〇〇二年に「一国二制度」などを柱とする「民主党沖縄ビジョン」を策定するが、普天間基地移設には触れていなかった。二〇〇五年に発表された「沖縄ビジョン改訂版」では普天間移設について「機能分散などにより、ひとまず県外移転の道を模索」し、戦略環境の変化を踏まえて「国外移転を目指す」とされ、「沖縄ビジョン二〇〇八」にも引き継がれた。しかし二〇〇九年総選挙前のマニフェストでは再び「普天間」は姿を消す。幹事長であった岡田克也が同年六月にフロノイ米国防次官と会談した際、辺野古移設に関する日米合意の履行を求めるフロノイに対して岡田が「沖縄に米軍が集中しているのは第二次世界大戦中に（米軍が）占領したからだ」と「原点」を持ち出して激論となり、アメリカ側から民主党幹部に対して懸念が伝えられたことが削除につながったという指摘もあるし、党内で安保政策に精通していると自負する前原誠司らが、政権発足後の外相、防衛相の手足を縛るべきではないと主張したためとも言われる。前原らには、自公政権下の「現行案」の余地を残しつつ、新たな移設先を探ろうという思惑があったとも言われる。*3 そのような中、総選挙を前に代表に復帰した鳩山が、「県外移設」を再び掲げた形であった。

鳩山は「県外移設」について、一九九八年には当時計画されていた海上へリポート案に反対し、代替案として自らの選挙区である北海道・苫小牧東地区（苫東地区）への移転を提起していた。同地区では当時、再開発事業が広大な遊休地と一八〇〇億円の負債を抱えて行きづまっており、一九九九年には政府系シンクタンクである総合研究開発機構（NIRA）が同地区への普天間基地の機能移転が可能だとする報告をまとめていた。しかし既に大田知事に見切りを付け、対立候補擁立を進めていた野中広務官房長官は「北海道に海兵隊が行けるような情勢にない」と一蹴していた。[*4]

苫東への海兵隊移転は一九九六年のSACO（日米特別行動委員会）でも日本側が打診したものの、キャンベル国防次官補代理が消極姿勢を示し、立ち消えになった経緯もあった。[*5]

一方、次節以降で述べるように鳩山の「最低でも県外」へのこだわりには、単に普天間移設にとどまらず日米関係そのものに対する問題提起が込められていた。それは鳩山に限らず、民主党全般の対米関係観に関わるものであった。そのような大きな図柄に取り込まれたことが、結果として民主党政権下の普天間移設問題を過度に政治化し、混迷させたことは否めない。

民主党の「対等な日米関係」

二〇〇九年八月の総選挙で歴史的な政権交代を果たす過程で、民主党は小沢一郎代表の下、あらゆる手段を用いて自公政権を追い詰めようと試みていた。二〇〇七年七月の参議院選挙で民主党が大勝し、「ねじれ国会」が出現したことが強力な武器となっていた。

参院選で大敗した安倍晋三首相は、「テロとの闘い」に関わる日本の象徴的活動となっていたインド洋上での海上自衛艦による多国籍軍への給油活動をめぐって、根拠となる新テロ対策特別措置法の期限切れに直面した。安倍は小沢に協議を拒否されると、「テロとの闘いを継続させる上において、私はどうすべきか……新たな総理の下でテロとの闘いを継続していく、それを目指すべきではないだろうか[*6]」と言って辞任する。

続く福田康夫首相は小沢と「大連立構想」を模索するが、目的の一つは対テロ支援活動の継続であった。福田が「国政を預かる首相としてお願いする。何とか給油法案に協力願えないだろうか」と求めたのに対して、小沢は「自衛隊の海外派遣は、国連の活動の枠内でしか許されない。新テロ法案は認められない……あなたも、もっと原理原則を作ったらいかがか。アメリカに言われたら、何でもやるというのはまずい」と述べる一方、自衛隊の派遣は国連決議に基づくものに限ると定めた恒久法には協力するとした。[*7] 結局このときの「大連立構想」では小沢が民主党内の同意を取り付けることができずに終わり、小沢は「ねじれ国会」を武器に自公政権との対決路線に傾斜する。

福田の後を継いだ麻生太郎政権も低迷し、民主党との政権交代が現実味を帯びつつある中、小沢がこだわったのが「対等な日米関係」であった。二〇〇九年二月には「(米海軍)第七艦隊で米軍の極東におけるプレゼンスは十分だ」という小沢の発言が波紋を呼んだ。小沢は同月来日したクリントン国務長官との会談にも最後まで消極的で、結局会談はしたものの外交安保政策でアメリカ側に縛られたくないという意向ではないかと観測された。

遡ってみれば小沢は一九九一年の湾岸戦争終結後、自民党幹事長として「小沢調査会」を設けて現行憲法の下でも正規の国連軍であれば自衛隊の参加は可能だという答申を打ち出し、その後もことある毎に国連軍など国連による集団安全保障への積極的参加を提起していた。小沢の「国連中心主義」は、国連そのものに対する評価というよりも、「日米安保」の代替策という色彩が強いように見える。湾岸戦争や貿易摩擦でアメリカからの「圧力」に直面した経験が、小沢の志向性の根底にあるのだろうか。

その後、小沢の秘書が政治資金規正法違反容疑で逮捕されて党代表は鳩山に交代したが、二〇〇九年八月の総選挙を前にした民主党のマニフェスト原案には、「給油活動延長反対」が盛り込まれていた。

これに対してアメリカ側は、政権交代の可能性が高まっている状況も踏まえ、民主党に対して公式、非公式に懸念を伝えた。結局、同党のマニフェスト決定版では給油活動には触れず、当面は継続する方針をにじませた。「政権に就いたとたんに米国ともめ、内政に影響するのは得策でない」(民主党政調幹部)との判断であった。[*8] 結局給油活動は、鳩山政権下の二〇一〇年一月、新テロ特措法が期限切れで失効したのに伴い、終了となった。

鳩山政権と「東アジア共同体」

鳩山は二〇〇九年八月の総選挙に民主党が大勝して首相に就任すると、「対等な日米関係」と「東アジア共同体」を外交における看板に掲げる。「対等な日米関係」が何を意味するのか、政権発足前の民主党の姿勢も相まって内外から注目を集める一方、「東アジア共同体」は、オバマ政権が「アジア回帰」を打ち出す最中であっただけに、日米間の波長の「ズレ」が目立つ形となった。

鳩山は、政権発足直後の国連総会とG20を除くと初の外遊先として韓国を選び、次いで中国を訪問して北京で一〇月一〇日、温家宝首相、李明博(イミョンバク)大統領との日中韓首脳会談を行って「東アジア共同体」構想の具体化に向けた協力を確認した。その際、鳩山は「(日本は)今まで、ややもするとアメリカに依存しすぎていた。日米同盟は重要と考えるが、一方でアジアの一国としてアジアをもっと重視する政策をつくり上げていきたい」と述べた。不用意な発言だという指摘もあったが、「私自身、アメリカに依存しすぎてきた日本が結果として国民自身の自立心をむしばんできた可能性があるのではないかと思ってきました」という鳩山の本心であったのだろう。*9

鳩山にしてみれば「かつて喧嘩(けんか)ばかりしていたフランスとドイツが石炭・鉄鋼の共同体から、ヨーロッパ全体が二度と戦争をしないという、経済的な共同体以上の不戦共同体的な関係をつくりあげてきたことは非常に価値のある事実だと思っていました。従って、ヨーロッパでできたことが東アジアでできないはずはないだろうというのが私のそもそもの考えで[10]」あったというように東アジアの「和解」に力点がおかれたものであった。鳩山は前述のように大田県政下の「国際都市形成構想」と沖縄の米軍撤退を可能にするアジアの信頼醸成システム構築を表裏のものとして語っており、「東アジア共同体」構想は沖縄の将来とも密接に結び付いたものだったのであろう。

問題となったのは、「東アジア共同体」にアメリカが入るのか否かという点である。上述の北京での鳩山発言の直後、訪日中であったキャンベル米国務次官補は武正公一副外相に対して、「大統領まで報告がいくような重大問題だ。我々に相談もせずに、鳩山首相がこういう発言をするとはどういうつもりか、真意を聞きたい」とまくし立てたという[11]。

一方、「東アジア共同体」構想について鳩山が「アメリカを排除する発想は、まったく持っていない」とする足元で、外相に就任した岡田克也は「アメリカとは日米安保があるし、ＡＰＥＣ（アジア太平洋経済協力）もあるのだから、東アジア共同体に入っていなくてもいいではないか」「アメリカも入れると世界の半分になってしまい、何が何だか分からなくなる。アメリカはアメリカでやってもらいたい」との発言を繰り返し、民主党政権を特徴付ける「バラバラぶり」が早くも露呈していた[12]。

オバマ政権は日本の「歴史的な政権交代」を祝福する姿勢をとった。その一方で民主党政権発足前の同党の対米姿勢と、鳩山政権発足後の「対等な日米関係」「東アジア共同体」といった「スローガン」が、鳩山政権に対する不安を感じさせたのも確かであろう。そのような中で普天間移設問題が日米関係焦眉（しょうび）の問題として浮上することになる。

「迅速に」と「トラスト・ミー」

二〇〇九年九月の鳩山政権発足後、初の本格的な日米首脳会談は同年一一月、オバマ大統領の訪日に合わせて設定された。オバマ政権にとっては、かねてから公言していた「アジア回帰」を具現化するための重要なアジア歴訪であり、その最初の訪問国が日本であった。

一方で当時の日米関係に目を向ければ、鳩山政権下では日本が「テロとの闘い」に関与する柱であったインド洋上での海自による給油活動は撤退が決まっており、普天間移設では「最低でも県外」を掲げている。さすがにこれではまずいと鳩山政権首脳部はアメリカ政府内の感触も事前に探った上で、オバマ政権の最大の関心事は混迷するアフガニスタン情勢にあり、日本がアフガニスタンへの積極的支援を表明すれば、ひとまず首脳会談は乗り切れると考えた。

二〇〇九年一一月一三日、オバマが来日した。アメリカ側は安全確保のためオバマ到着時に羽田空港を二時間閉鎖することを求めたが日本側は受け入れず、実際には一三分ほど空港の一部エリアが閉鎖されたと言われる。*13 その夜に行われた日米首脳会談では二〇一〇年の日米安保改定五〇周年に向けて同盟深化を協議すること、普天間移設の早期解決などが合意され、鳩山は日本がアフガニスタンに五年間で最大五〇億ドルの支援を行うと表明した。

この席で「沖縄の問題についてですが……」と普天間移設問題を取り上げたのはオバマの側であった。この会談の三日前には岡田外相とルース駐日大使が、自公時代の辺野古移設「現行案」について日米の閣僚級で検証することで合意していた。首脳会談で普天間問題を焦点化させないためであり、鳩山も首脳会談では普天間に深くは踏み込まないことでアメリカ側と一致していると考えていた。

ところが予想に反してオバマは「政権が代わり、日米合意を見直すことは素直に支持する」と政権交代に伴う政策見直しは当然だとしつつも、「日本の検証作業については理解する……しかし、早ければ早いほどいい結論が出せる。そうすれば新しいテーマに移ることもできる。検証作業が迅速に（expeditiously）完了することを期待する」と述べた。オバマの口調は「すぐにでも」という威圧的なニュアンスを帯びたものであったとの指摘もある。これに対して鳩山は「前政権の合意は重要だが、選挙で県外・国外（移設）と言ったことも理解してほしい。沖縄県民の期待も高まっている。必ず答えは出すので、私を信じて欲しい（trust me）」と述べた。

これに対してオバマは「日本側の事情は理解する。事件などもあって、自治体がセンシティブになっていることも理解する。米兵は沖縄県民の『良き隣人』でありたい」と応じた。この会談の直前に沖縄県読谷村で米陸軍兵が男性をひき逃げして死亡させる事故をおこし、米軍がこの兵士を監視下においていた。沖縄で米兵絡みの事件・事故がおきるたびに日米地位協定の改定を求める声が出る。オバマは先手を打って、この件について言及した上で普天間移設について畳みかけた。「海兵隊の八〇〇〇人をどうするかということもある。早く結論を出したほうが、メディアからも評価される」。普天間移設と沖縄の海兵隊のグアム移転は「パッケージ化」されており、普天間移設が進まなければ在沖海兵隊のグアム移転も進まないというオバマの「警鐘」であった。

「ビジネスライク」で知られるオバマだが、このようなストレートな姿勢は鳩山との会談や普天間問題に限られたものではない。二〇一四年四月のオバマ訪日時に、親睦を深めようとすし店のカウンターに招いた安倍首相に対して、オバマは「安倍内閣の支持率は高い。大胆に決断できるだろう?」とTPP交渉での農産物や豚肉の関税引き下げについて、具体的な数字を挙げて譲歩を迫り、安倍を困惑させている。

鳩山＝オバマ会談では両者とも普天間移設問題の具体的な期限には触れなかったが、オバマの「迅速に」は「年内（二〇〇九年中）」を示唆していた。これらオバマの発言は、「検証作業の迅速な完了を期待する」という箇所以外は報道陣へのブリーフィングでは伏せられた。[*14]

広がる齟齬

オバマとの会談と夕食会を終えた鳩山首相は日付の変わった一四日未明、APEC首脳会議に出席するため、シンガポールに出発した。結果として東京に残された形のオバマは、同一四日に「アジア回帰」を具体化する政策演説を行い、「アメリカは太平洋国家である」として日本を「アジア安定の要」であると強調した。しかしその場に肝心の鳩山の姿がないという奇妙な光景となった。

オバマ来日の日程は、オバマが米テキサス州の陸軍基地でおきた銃乱射事件の追悼式典に出席するため、当初の予定から変更になっていた。そのため鳩山の日程調整ができなかったという理由であったが、同日のシンガポールにおける鳩山の予定は、日本文化施設の開所式であった。ベテラン記者の一人はこの光景に、「わずか一日の日程調整がなぜできなかったのか。鳩山の周辺に有能な外交ブレーンが存在しなかったことを強く印象付けた」という。[*15]

さらに波紋を呼んだのは、首脳会談翌日に鳩山が同行記者団に対して行った発言である。「オバマ大統領は日米合意が前提となったと思いたいだろうが、合意が前提なら作業部会もつくる必要がない」。時期についても「年末までにあげなければいけないとか（大統領と）約束したわけではない」「（翌年一月の）名護市長選の結果に従って方向性を見定めることだってある」。

アメリカ政府関係者は「鳩山首相が国内に配慮しなければならないのは分かる。なら、せめて水面下で事前にそう言ってほしかった」と困惑を隠さなかった。[*16] 鳩山政権内からも「正直一瞬びっくりした」（長島昭久防衛政務官）といった声が漏れた。[*17]

一方で鳩山にしてみれば、発足間もない新政権に対し、頭を押さえ込むように結論を強いてくるアメリカ側の姿勢は不快なものであった。鳩山は周囲に「米国はとにかく早く、今の計画のままやれ、の一点張りだ。だからといって米国の言うとおりにしなきゃならないということにはならない。これまでの自民・公明政権のように、米国の言いなりにはならない」と漏らし、「なぜ、米国に意見を言ってはいけないのか」との思いもあった。[*18]

また鳩山の志向性の根底に、「これから五〇年、一〇〇年と他国の軍隊が（日本に）居続けることが果たして本当に適当かという議論は当然ある」といった「常時駐留なき安保」「有事駐留」の考えがあったことも、辺野古「現行案」への違和感につながっていたであろう。[*19] 同様の発想は党内実力者の小沢にも見られた。

他方でオバマ大統領が「年内決着」を強く求めた背景には、予算の支出を握るアメリカ議会との関係があった。アメリカ政府からすれば、国防費の総枠を決める二〇一〇会計年度国防予算歳出法案を年末年始の休暇前に議会で成立させる必要がある。法案には在沖海兵隊八〇〇〇人のグアム移転関連経費が含まれており、普天間移設の目処が立たないと、「抑止力維持の観点から在日米軍再編は一つのパッケージ」だとしてきた説明と矛盾することになる。[*20]

またアメリカ側が辺野古での「現行案」実行をこれほど強く求める背景には、二〇〇六年にそれまでの「L字形案」が「V字形案」に変更された際、普天間基地にはない港湾施設や弾薬搭載エリアが設けられるなど基地機能が格段に拡充されており、これを確保したいからだという指摘もある。[*21]

一方でオバマ政権の対日政策チームで要となるキャンベル国務次官補などは、ブッシュ共和党政権時代の二〇〇五年春には辺野古移設に見切りをつけ、嘉手納統合案などを追究する構えを見せていた。前原副代表など民主党内の「知米派」が「嘉手納統合案」や「県外移設」に関心を寄せた背景には、キャンベルらとの接点があった。前原らは「一一月の大統領選挙で民主党のオバマ政権が実現すれば、普天間問題は白紙から議論できる」と期待したが、「最大の誤算は、ゲーツ氏がオバマ政権でも国防長官を続投したことだった」（民主党幹部）。ゲーツは既定路線を変えず、キャンベルらもそれに従うしかなかった。[22]

いずれにせよ鳩山とて、ここまでオバマに強く迫られたのでは対応を具体化しなくてはならない。オバマ訪日後に鳩山が考えていたと言われるのが、「現行案」をひとまず進めつつ、その間に代替案を模索するという「二段階論」である。代替案を具体化するまでの時間稼ぎという色彩も強い案だが、肝心の「代替案」の見通しは定かではなかった。

岡田外相の「嘉手納統合案」

政権発足当初から鳩山首相とは異なる独自の動きをしていたのが岡田克也外相である。鳩山にとって「県外移設」が年来の持論であったのに対し、岡田の持論は「嘉手納統合案」であった。民主党が野党だった二〇〇二年八月、政調会長だった岡田は、日米地位協定の改定や米軍基地縮小、自立経済の確立などを盛り込んだ「民主党沖縄ビジョン」を発表し、当時は軍民共用空港を建設するとされていた「代替施設」について、「対案として嘉手納基地への統合も含めもう一度考え直したい」と述べている。[23]

岡田は鳩山政権で外相に就任すると、「四〇〇〇億円（の建設費）をかけてあの海を埋め立てるのは、どう考えてもピンとこない」として、外務省内に保管されている移設候補案のメリット、デメリットを記したファイル群に目を通す。そこで改めて着目したのが、辺野古と並んで最有力にランクされていた嘉手納統合案であった。岡田は時間がかからないこともメリットだと考えた。[*24]

その一方で岡田は「県外移設」には終始、否定的であった。岡田は外相として「嘉手納統合案」を提起したことも、「嘉手納がいいというより県外は無理だというメッセージ」だったと振り返る。[*25] 鳩山政権発足に際して、民主党が参議院で過半数に満たないことから社民党、国民新党と連立協議を行った際、社民党が要求する「県外移設」を拒んだのも岡田であった。

岡田のもう一つの特徴は、当初から普天間移設問題で自ら「期限」を区切ったことである。岡田は外相就任後の記者会見で普天間について「一〇〇日間で解決しなければならない問題」だと明言し、九月二一日のクリントン国務長官との初会談でも「一〇〇日」を強調した。なぜ一〇〇日なのか。「予算をつけるということは、現状で進めることになる。

年内が一つの判断基準だ」（岡田）という予算との関係もあれば、日米間のトゲを早めに処理し、同盟深化などに力点を移したいという考えでもあったのであろう。[26] しかし鳩山から見れば「何でそんなことを言うんだ」と、岡田の「一〇〇日」は対米交渉の余地を狭めるものだと映った。[27]

岡田は外相としてゲーツ国防長官らに再三、「嘉手納統合案」を提起したが、アメリカ側は否定的であった。その一方で岡田はゲーツとの会談後、北澤俊美防衛相に対して「これからは二人でやりましょう。嘉手納がダメなら辺野古に帰ってくるんですから」と耳打ちしたともいう。「県外移設」にこだわる首相の鳩山を外し、岡田＝北澤のラインによって「辺野古」で決着させるという意図であった。[28] 岡田は一一月一九日の参議院外交防衛委員会で「論理的にはあらゆる可能性がある」と、「現行案」での決着も示唆するようになる。

一方、岡田による「嘉手納統合案」の提起は、地元・嘉手納町の警戒感を呼びおこした。嘉手納町の宮城篤実（みやぎとくじつ）町長は、岡田の統合案が浮上した一〇月はじめ、普天間基地の機能を一五年の期限付きで嘉手納に移し、その後グアムや米本土に移転させるという日本側の

「嘉手納統合案」を記した文書を手に、嘉手納基地のウィルズバック司令官との会談に臨んだ。

文書は沖縄選出の国会議員が宮城の下に持ち込んだものであった。司令官が一読して「日本政府は米軍に手を突っ込んでくる気か？」と笑ったのに対して宮城町長が「心したほうがいい。（交渉のために日本から長島昭久防衛）政務官が行く前に本国に伝えるべきだ」と言うと、笑顔の消えた司令官は「これは承知できない。すぐ伝える」と応じた。その後に訪米した長島は、アメリカ側要人たちから会談の最後に必ず「普天間は今の計画通りで」と念を押されることになった。

宮城町長にとって嘉手納基地司令官は、日頃は騒音などをめぐって抗議をする相手だが、「嘉手納統合に地元は反対だと正確に米国へ伝えるには司令官がベスト。（日本）外務省じゃない」と言う。いわば嘉手納統合案を阻止するための米軍との共闘である。[29]

社民党の「存在意義」

岡田や北澤の動きに加え、一一月二七日には仲井真沖縄県知事が鳩山首相と首相官邸で極秘の初会談を行い、仲井真は県内移設を「苦渋の選択として受け入れた」と訴えた。こうした「現行案」での年内決着に向けた動きを危惧した社民党は、一二月に入ると反対姿勢を鮮明にし始める。社民党にとって沖縄の基地問題は、党の存在意義に関わる重大問題であった。社民党が橋本政権末期に自社さ連立を離脱したのも、沖縄の軍用地の強制使用をめぐる特措法改正が大きな要因であり、鳩山政権発足時にも連立合意書に「県外移設」を盛り込むよう強く求めたのは前述の通りである。

消費者・少子化担当相の福島瑞穂党首は「年内決着」を回避するよう鳩山に申し入れ、金融・郵政改革相の亀井静香国民新党代表も「社民党と国民新党抜きにアメリカ政府と外務省がどう交渉をまとめようと、決着にならない」と歩調を揃えた。亀井にとっては、社民党が連立離脱となれば民主党にのみ込まれる恐れがあった。*[30]

社民党では一二月初旬に党首選挙が予定されていたが、沖縄県選出の照屋寛徳衆議院議員が、福島党首に辺野古反対貫徹を求めて、自ら党首選に立候補することも辞さない構えを見せていた。照屋は二〇〇五年の総選挙において社民党でただ一人、小選挙区で当選していた。一方で社民党内には連立を優先すべきだという意見も強く、対立が深まれば党が分裂しかねない情勢であった。

福島党首は一二月三日の党常任幹事会において、辺野古移設が決まれば「社民党としても私としても重大な決意をしなければならない」と明言した。「重大な決意」が連立離脱を意味するのは明らかであった。これを受けた照屋は立候補を見送って福島の続投が決まった。福島も後には引けない立場に追い込まれていたのである。このとき参議院での社民党の議席は五つ。それが抜けると民主と国民新党では過半数に一議席足りなかった。いわばこの「一議席」が鳩山政権を「現行案での年内決着」から引き留めた形であった。

他方、一部で調整に乗り出すことを期待された民主党の実力者・小沢幹事長は「きれいな海を埋め立ててはだめだ」と、辺野古移設に否定的な姿勢を見せるとともに、年内決着にこだわる岡田外相に「連立は大事だ」とクギを刺した。[*31] 小沢は翌年の参議院選挙に向けて民主党の地方組織の弱さを補うため、社民党支持労組も含め、労組を一本化して選挙運動に動員する戦略を描いていた。[*32] 結局、鳩山は一二月初旬には福島の発言を「重く受け止めた」として、「年内決着」の先送りを決めるとともに、辺野古以外の移設候補地も探すことを明言した。

「アメリカの意向」──外務官僚の演出手法

決着越年という鳩山政権の決定にアメリカ側は強く反発した。岡田外相と北澤防衛相がともに年内決着の意向を表明していたことも、「不意打ち」との印象を強める結果になった。一二月一五日の基本政策閣僚委員会では、予算とその関連法案が成立するまで普天間の移設問題は先送りすべきだという判断から、同問題の結論を出す時期を二〇一〇年五月とする提案がなされ、社民党も了承した。その一方で辺野古での環境影響評価調査は継続することが決まっており、「現行案」をすぐさま打ち切るわけではないという体裁もとられた。[*33]

鳩山政権の姿勢が定まらないことにしびれを切らしたルース米大使は一五日夜、首相官邸に乗り込んで鳩山首相に問いただすという挙に出た。ルースは鳩山に「岡田さんに聞いたら『五月には現行案で決める』と言い、北澤さんに聞いたら『もう政局に変わった。現行案はない』と言う。どちらが正しいのですか」。岡田も同席する中、鳩山が「岡田君の言うことが正しい」と答えると、ルースは「本国に公電を打っていいですか」と畳みかけ、鳩山は「いいですよ」と答えた。[34] しかし事が「政局」となっているのであれば、首相の鳩山とて「何が正しいか」に答えることは無理というものであろう。

一二月一七日にデンマークのコペンハーゲンで開かれた気候変動枠組条約第一五回締約国会議（COP15）に出席した鳩山は、夕食会で隣席となったクリントン国務長官と懇談し、普天間移設について次のように述べた。「沖縄県民の期待が高まっている。日米合意は重いが、もし無理に結論を出して辺野古と決めたら、その瞬間もっと危険になって、結果的に辺野古にはできなくなりますよ。新たな選択を考えて今、努力を始めているので、しばらく待っていてほしい」[35]。鳩山はクリントンの反応について「十分に理解していただいた。よく分かったという思いを伝えていただいた」と同行記者団に述べ、一方でこれに対するクリントンの反応は、この時点では伝えられなかった。[36]

クリントン長官が藤崎一郎駐米大使を急遽呼び出したと報じられたのは、同月二一日朝のことである。当日のワシントンは大雪で、連邦政府機関が臨時休日になることが決まった後の呼び出しという「異例さ」であった。藤崎が雪の降りしきる中、国務省に急ぐ姿は日本国内のテレビニュースでも大きく報じられた。この席でクリントンは藤崎に対し、

「現行案」が「最善の計画」であるとのアメリカ政府の見解を改めて伝えたとされる。藤崎は会談後、国務省前で待ち構えていた記者団に対して「長官が大使を呼ぶということはめったにないことだ」と述べ、アメリカ側の危機感について「重く受け止めている」と語った。クリントンとの会談時間は一五分であった[*37]。

つくられた「異例の呼び出し」

このクリントン長官からの「異例の警告」を受けて、日本国内では次のように報じられた。「(アメリカ側は)新たな移設先を探す日本政府の方針に理解を得られたと説明した首相に異例の形で警告した。日米同盟を揺るがしかねない事態にもかかわらず鳩山内閣の危機意識は薄く、打開への道筋は見えない」「日米摩擦は普天間問題の域を超え、鳩山首相の事実上の不信任へと発展した[*38]」。

しかし大雪の中、急遽呼び出しという不測の事態であれば、現地に駐在する日本のテレビ各社がずらりとカメラを並べて待ち構え、国務省に入る藤崎の姿を捉えるという構図は可能なのであろうか。クリントンとの会談を終えて姿を現した藤崎は、「立ち位置」も決めてコメントに応じていた。「報道して欲しい」と考えた日本大使館が特派員にリークをしなければ、このような「でき過ぎ」の報道はあり得ないと見るのが妥当であろう。

果たして翌二二日、クローリー国務次官補は定例会見で「日本大使がキャンベル次官補に会うために立ち寄り、クリントン長官のところにも立ち寄ったのだと思う」と、クリントンが藤崎を呼び出したとする日本での報道を否定した。しかし日本国内でこれを伝えたのは、沖縄の地元紙だけであった。

この一件はその後、思わぬ形でその「真相」が明らかになる。二〇一六年のアメリカ大統領選挙に出馬しているヒラリー・クリントンは、国務長官などの公務を個人用メールアドレスを用いて行っていたことが問題視され、その内容を公開することになった。その中に上述の「藤崎大使呼び出し」に関わるメールが含まれていたのである。

そのメールによれば、国務省職員が「カート・キャンベル（国務次官補）が明日の藤崎大使との会談であなたに少し会えるかどうか聞いている。カートが会議をし、ほんの二、三分の間、彼（藤崎）を連れてくる。あなたの考えを聞かせて下さい」とクリントンの意向を聞き、クリントンは「ＯＫ」と返信していた。これが「日米摩擦は普天間問題の域を超え、鳩山首相の事実上の不信任へと発展した」という報道にまで膨れあがるのだから、「演出」が意図されたものだったのであれば、その効果はすさまじい。

なおこの「呼び出し」の件についてはその後、野党議員からの質問主意書を受けた政府が二〇一五年七月一七日付で「(藤崎は)クリントンに招聘(しょうへい)され会談を行った」との答弁を閣議で了承しているが、明らかになったクリントンのメールとの整合性については説明を事実上放棄したものとなっている。[*39]

「移設候補地」は百花繚乱(りょうらん)に

一方、日本の政府・与党内には「年内決着」の先送りとともに、辺野古以外の移設先を検討するため、与党三党による「沖縄基地問題検討委員会」が設けられ、委員長には鳩山の側近と目された官房長官の平野博文が就いた。平野はこの問題の結論を出す時期として五月を提示したが、その背景にあったのは「結論は基本的には辺野古に戻る。社民党がいるからこのタイミングでは決められない。予算と予算関連法案が通らないのは困る、という理由だった」[*40](平野周辺)。

移設先については鳩山首相の私的勉強会で海自の大村航空基地（長崎県大村市）や陸自の相浦駐屯地（長崎県佐世保市）などの名前が挙がった。その傍らで平野は沖縄に出向き、仲井真知事と会談した。この段階で平野に代替候補の腹案はなく、「現行案」への回帰も念頭においていた。「県民は今、県外を強く望んでおります」という仲井真に対して平野は「知事のご決断ということでお願いするかもしれません」と述べた。仲井真が「県内移設容認」であったことを念頭に、「県内移設」も選択肢に含める意図から出た発言であったが、仲井真の姿勢は「国外・県外」寄りに変化しつつあった。仲井真の支持基盤である自民党県連は政権交代に伴って「県外移設」に転じていた。再選出馬のタイミングを見計らう仲井真にとって、県民の多くが可能なら最善と考える「国外・県外」に、この状況下で異論を唱える必要はどこにもなかった。

この風向きは、「条件付き容認」の現職・島袋吉和と「反対」の新人・稲嶺進が争う名護市長選挙にも少なからず作用した。二〇一〇年一月二四日の投開票結果は、稲嶺当選であり、名護市で初めての「移設反対」を掲げた市長の誕生であった。現職有利を予想していた平野はこの結果に当惑し、「今ゼロベースで移設先を検討しているところだから、一つの民意の答えとしてはあるんでしょうけれども、斟酌(しんしゃく)してやらなきゃいけないという理由はない」と発言して地元の猛反発をかった。

防衛省内では「シュワブ陸上案」が浮上した。「現行案」と同じ辺野古ではあるが、キャンプ・シュワブの陸上部に移設する案である。一方で平野は「平野私案」として五つの案を検討した。このうち平野が最も関心を持ったのは沖縄本島中部の米海軍ホワイトビーチ地区の沖合に人工島を造成し、三〇〇〇メートルの滑走路二本を建設するという案であった。ここに普天間の代替施設だけでなく那覇空港の航空自衛隊なども集約するという大規模なものであった。同構想の立案者である沖縄商工会議所名誉会頭の太田範雄は、一九六〇年代にはホワイトビーチのある勝連半島と海中道路で繋がる平安座島(へんざじま)を埋め立て、大規模な石油備蓄基地を建設するプロジェクトを誘致し、実現した「実績」もあった。*41

しかしこの構想が漏れると、関係各地で早々に反対の声が続出した。「代替施設」の受け入れをめぐって地域が二分されるという名護でおきたことが再現されることは必至であった。

鳩山由紀夫の「独白」

この頃には「普天間移設」の候補地としてさまざまな名前が浮上しては反対の声が出て消えていった。二〇一〇年二月の段階で浮上したのは期限付きの嘉手納統合案、沖縄県内の伊江島や下地島、鹿児島県の馬毛島、宮崎県の新田原基地など沖縄県外の自衛隊基地、米軍の岩国基地、民間の佐賀空港や関西国際空港、国外のグアム、サイパン、テニアンなどであった。

このような中、鳩山首相は普天間の移設問題について結論を出す時期を「五月」と明言するようになる。結果的にこの期限設定が自らを追い込むことになるのだが、鳩山は「参議院選挙を七月に控えていて、その争点にこれを使われてしまったら大変不幸なことになると思い、参議院選挙前で、沖縄の知事選のかなり前に結論を見出しておかないといけないと考えて、五月末までに結論を出すとしました」と言う。*42

結局、鳩山政権は文字通り百花繚乱の候補地から「代替案」を提示することができず、自ら期限とした五月になると鳩山は、「現行案」への回帰やむなしとの判断に至る。五月四日、沖縄を訪れた鳩山は、仲井真に対して「海外（移設）という話もなかったわけではないが、日米同盟を考えたとき、抑止力という観点から難しいという思いになった。すべてを県外にということは現実問題、難しい……沖縄の皆さんにも負担をお願いしないとならない」と「県外移設」を撤回した。

この方向転換に加え、鳩山の「学べば学ぶにつけ、沖縄に存在している米軍全体の中での海兵隊の役割を考えた時、それがすべて連携している。その中で抑止力が維持できるという思いに至った。それを浅はかと言われればその通りかも知れない」といった発言、さらには「最低でも県外」は「自分自身の発言」であって、民主党の正式な公約ではないなどと述べたことで、首相としての資質にすら重大な疑問が呈されることになった。[*43]

これらの発言があまりに強烈な印象を残した鳩山だが、鳩山自身は一連の展開をどのように捉えていたのか。鳩山は後年、以下のように「独白」している。「(「最低でも県外」で)努力をしたつもりですが、戦略的であったかと言われれば、成算があって言ったということではありません」「党や政府のなかで、この方向に向けた、より協力的な仕組みができていればよかった」が、それが十分できなかったことは「鳩山自身の不徳の致すところであり、大きな責任だと思っています」。

鳩山は最終的に徳之島（鹿児島県）への移設に期待をかけるが、「私が徳之島の方々に一切、お会いできないうちに外に漏れてしまい……この話は事実上ついえ去ってしまったのです」「陸上とヘリ部隊の一体的訓練の必要性から、（米軍内部の基準で）沖縄から六五マイル以上離れていては候補地にならないと言われたことが決定的でした」[*44]。

しかし後日、米軍内部にそのような「基準」は存在しないことが明らかになっている[*45]。鳩山によれば、アメリカ側に問い合わせた結果だとして外務省からこの「基準」の存在を知らされ、徳之島を断念したのだという。

それではその際の外務省の説明とは何だったのか。鳩山は二〇一六年二月の時点で次のように述べている。「（二〇一〇年）四月一九日か二〇日だったと思いますが、三枚の紙切れを持った外務省の役人がやってまいりまして、『（米）大使館と交渉した結果こういうことになりました』と、その紙を見せられました」。米軍の「基準」に言及している同文書の極秘期間が解けた後、鳩山が改めて外務省に説明を求めたところ、「『今担当者に聞こうとしても、皆さん口をつぐんでだれも答えない。『こんなペーパー知らないよ』みたいな話になっておりまして」[*46]（鳩山）。鳩山は外務省に対して引き続き、この文書についての説明を求めているという。

また鳩山が言うには二〇一〇年四月に入って、防衛省、外務省、内閣官房から各二人と首相、官房長官の八人で「一切、表に出さずに秘密裏に、私が考えている方向で最適な結論を見出すよう努力しようと官邸のなかで誓い合ったのですが、その翌日……どこかの新聞に記事が載り、秘密会が暴露されている現実を見たときに、防衛省と外務省に協力を求めて進めることはどう考えてもできない話だと自分なりに悟ったのです。そこから孤立無援的な状況になっていきました」「アメリカの直接的な圧力がどこまであったかということよりも、普天間の話に関してはアメリカの意向を忖度（そんたく）した日本の官僚がうごめいて、アメリカの意向に沿うように政治を仕向けていったように思えてならないのです[*47]」。

本土との「温度差」から「差別」へ

他方で、鳩山に「移設先探し」という目の前の問題と持論である「常時駐留なき日米安保」を結び付けて考える傾向があったことが、問題をことさら複雑にしたことも否めない。

しかし何より決定的だったのは、鳩山政権中枢がこの問題についてまったくといっていいほど統一感を欠いたことであった。当初から成算や戦略はなかったと公言する鳩山、首相が「県外」を連呼する足元で、「嘉手納統合案」から「現行案」回帰へと突進した岡田外相。五月の大型連休は普天間問題で八方ふさがりに陥った鳩山政権の正念場であったが、一一人の閣僚が海外出張に出かけた。「『政権を支えるとはどういうことなのか』――。当事者意識の欠如というほかなかった」と、歴代政権を見てきたベテラン記者は記す。[*48] これでは外務・防衛官僚を統制できないのも無理はなかろう。

オバマ政権としても、日本側の「代案」をまとめきれずにズルズルと泥縄式の対応を繰り返す上に、日米安保の重要性を軽んじるかに見えた鳩山政権を相手に、米軍内の再調整を必要とする辺野古移設の「再交渉」に応じる用意はなかったであろう。

鳩山が辺野古回帰を決めたことに社民党は猛反発した。五月二八日、日米両政府は共同声明を発表し、普天間基地の移設先を名護市辺野古崎とその周辺水域とし、本数や配置は明記しなかったが一八〇〇メートルの滑走路を建設すると明記した。

この共同声明を閣議了解する際に、社民党の福島瑞穂党首が署名を拒否し、閣僚辞任も拒んだため鳩山は福島を罷免、三〇日に社民党は連立離脱を決めた。迷走を重ねた鳩山政権の支持率は二〇%を割り込んだ。連立瓦解の責任を問われた鳩山は、政治資金疑惑で批判を受けていた小沢幹事長を道連れにすることで党の刷新と党勢の回復を期し、六月二日、退陣を表明した。

鳩山はかねてから、「沖縄とアメリカと連立、いずれも大事。すべて納得できる案を何とか見つけたい」と繰り返していたが、その三つの要素をかろうじて調和させるような均衡点を探り出すだけの「政治技術」を決定的に欠いていた。側近や主要閣僚にそれを補う存在がいなかったことも致命的であった。

結果として、「最低でも県外」に限らず、鳩山が掲げたさまざまな「理想論」そのものが「馬鹿げたこと」だと見なされるような風潮を蔓延(まんえん)させることになったのが、鳩山そして鳩山政権が残した最大の「負の遺産」となった観がある。しかし鳩山政権への評価とない交ぜになって、「最低でも県外」を「馬鹿げたこと」だと一蹴する風潮は、あくまで日本本土の話であったことに留意しなくてはならない。戦略や政治力の欠如によって混乱を招いたことは別として、鳩山がこだわった「最低でも県外」、すなわち普天間の「代替移設」がなぜ沖縄での「新基地建設」という形にしかならないのか、という疑問は沖縄では至極当然のこととして受け止められた。それを一蹴する本土との「温度差」は、やがて沖縄に対する「差別」だと論じられるようになる。

「県外移設」を掲げた仲井真

鳩山後継となった菅直人政権が辺野古回帰の日米合意を踏襲する一方、沖縄では「県外移設」を求める声が強まりつつあった。二〇一〇年一〇月一六日に知事選の出馬会見に臨んだ仲井真は、「普天間の県外移設を求める」と初めて明言し、「日米合意見直し・県外移設要求」へと舵をきった。仲井真を「県外移設」に踏み切らせたのは翁長雄志那覇市長だった。翁長は仲井真の選対本部長を受諾するにあたり、公約に「県外移設」を盛り込むよう仲井真に迫っていた。

翁長は県民世論の変化を敏感に受け止め、「県外移設」を掲げなければ選挙に勝てないと確信していた。また翁長にとっては、鳩山政権が「最低でも県外」を掲げても結局、沖縄側の期待が踏みにじられる形で辺野古に回帰していく過程に直面したことで、民主党・自民党を問わず日本の中枢政界に対する深い失望を抱いたことも大きかった。[*49]

翌一一月の知事選は現職の仲井真と、宜野湾市長を辞して立候補した伊波洋一による保革対決の事実上の一騎打ちとなったが、前回知事選で「条件付き県内移設容認」だった仲井真が「県外移設」を公約に掲げたことで、普天間問題の争点化が回避される形になった。その中で伊波は「基地のない沖縄」を標榜（ひょうぼう）し、日米安保条約を日米平和友好条約に切り替えることを提起したが、この頃から注目され始めた中国の軍事的台頭のほか、知事選投開票日五日前の一一月二三日には北朝鮮が突如、韓国側の延坪島（ヨンピョンド）を砲撃する事件もおき、伊波の主張には逆風となった。これに対して仲井真の選挙公報には、「全国の〇・六％の面積に七四％の米軍基地はもう、ゴメンです！」「普天間基地は県外移設へ！」と、革新系候補かと見まがうようなキャッチコピーが並んだ。

これが奏功したのか知事選の出口調査（共同通信）では、「辺野古移設を容認できない」と回答した約六八・九％の有権者のうち、四〇％弱が仲井真に流れた。知事選は結局、「県外移設」を掲げた仲井真が三三万票あまりを集め、約三〇万票の伊波らを破り再選を果たした。そして沖縄県民の不信をかった民主党は、政権与党としては初めて沖縄県知事選で独自候補も推薦も出せず、自主投票を選択する「不戦敗」となった。

東日本大震災への対応や小沢一郎による離党の動きなどで混乱した菅政権は一年三カ月あまりで終わり、民主党政権三代目となる野田佳彦が首相に就いた。菅政権時代には普天間移設は膠着(こうちゃく)状態となっており、沖縄では仲井真が「県内移設に反対」とまでは踏み込まないものの「辺野古は無理。県外へ」と繰り返すようになった。

一方、前市長の島袋吉和ら名護市の移設容認派は、民主党の前原誠司や自民党の中谷元(なかたにげん)といった辺野古移設推進を図る超党派の国会議員らとのパイプを太くし、「普天間移設と北部振興策は明らかにリンクしている」と訴え、条件付き容認ではなく積極的に誘致する「誘致派」に変貌(へんぼう)を遂げつつあった。

その背景には、二〇一〇年の名護市長選を「海にも陸にも新しい基地はつくらせない」と明言する稲嶺進が制したことで、地元の民意が「移設反対」の勢いを増す中、「条件付き容認」を掲げてきた島袋前市長の支持層が、もともと誘致派だったともいえる業者などに限定されるようになったことが挙げられる。加えて、「尖閣(せんかく)諸島を守るためにも沖縄の海兵隊は必要」といった主張を掲げる右派勢力が限定的とはいえ、沖縄で活動を展開するようになり、島袋との結束を強めていった側面も指摘できる。

こうした中、二〇一一年一〇月二五日に来日したパネッタ米国防長官と一川保夫防衛相の会談で、日本側は普天間基地代替施設に関する環境影響評価（アセスメント）の評価書を年内に沖縄県に提出する方針を伝えた。その背景には、普天間の辺野古移設と「パッケージ」とされた在沖海兵隊のグアム移転費をめぐるアメリカ側の予算凍結という事情があった。アメリカ政府内では二〇〇九年度から一部関連予算の執行が滞っており、これを打開できるかどうかは、財政難を背景に国防費削減を迫る上院での国防権限法案の成否次第という状況に置かれていた。野田政権としては日本側の辺野古移設推進への「意欲」を示すことで、アメリカ政府の議会対策を後押ししようにも、「辺野古移設」に関して切れるカードは限られていた。野田は政権発足後、外務、防衛などの閣僚級を立て続けに沖縄へ派遣して関係修復を模索したが、「県外」に傾いた沖縄県や名護市を軟化させる目処は立たなかった。そこで防衛省の権限で進められる環境影響評価書の提出を「進展」としてアメリカ向けにアピールしようとしたのであった。

しかしこのような野田政権の動きに対し、沖縄県議会は全会一致で「環境影響評価書の年内提出断念を求める意見書」を可決し、政府側の動きを牽制した。また、沖縄防衛局による沖縄県庁への評価書搬入を阻止しようとする市民が年末にかけて県庁周辺で監視活動を始めた。

そこで沖縄防衛局は「策」を練り、沖縄県の仕事納めに当たる一二月二八日の早朝午前四時ごろ、県庁周辺で監視していた市民の虚を突く形で、環境影響評価書の入った段ボール一六箱を県庁の守衛室に運び入れるという行動に出た。搬入途中で気付いた数人の市民が阻止したが、評価書の大半が「提出」されたことで仲井真弘多知事は法令上、拒否することはできないとして同日付でこれを正式受理した。仲井真は「県外という私の考えをしっかりもって対応していく」と表明したが、環境影響評価の最終段階に当たる評価書の受理によって沖縄県は、埋め立て事業分に関しては環境影響評価法に基づき九〇日以内（県条例に基づく飛行場建設分については四五日以内）に知事意見書を沖縄防衛局に送付する、という環境影響評価の法定スケジュールに縛られることになった。

仲井真は辺野古移設を容認しつつも代替施設の沖合移動を政府に強く要求して対立していた二〇〇七年八月当時、那覇防衛施設局から提出された環境影響評価手続きの最初のステップである方法書の受理を「保留」とした。しかし法律上の手続きの進行は止められず、そのままでは「知事意見なし」と判断されることが分かり、結局受理した上で、同年一〇月に知事意見提出の方針に転じた経緯がある。このため、評価書についても国から提出されれば拒否できないことは県側も十分承知していた。県としては、政府からの評価書提出によって沖縄世論や県議会の反発が強まることは避けるべきである、との見解を繰り返していた。しかし評価書提出のタイミングは実質的に時の政権の「政治判断」に委ねられていたのが実情だった。

その後、県側の意見書によって沖縄防衛局は評価書の大幅修正を余儀なくされたものの、政府にとっては辺野古での「代替移設」着工に向けて、環境影響評価手続きの完了にこぎ着ける目処が立った。

一方でこの頃、仲井真県政にとっては、一〇年単位で更新されてきた沖縄振興特別措置法に基づく沖縄振興計画が二〇一一年度末で期限切れとなるため、新たな振興計画に向けた政府との交渉が重要課題となっていた。沖縄振興特別措置法とは、制約条件がある地域の振興を目的とする地域振興法（山村振興法や北海道開発法など）の一つで、沖縄については米軍統治下にあったことや離島県であることが考慮されたものであった。これに基づく振興計画のために沖縄振興予算が計上されるが、他府県に比べて上乗せされているわけではなく、他府県が各省庁に行う要求を、沖縄の場合は内閣府沖縄担当部局が一括して扱うのでこう呼ばれるに過ぎない。福岡空港整備の予算が「福岡振興予算」とは呼ばれないが、那覇空港の場合は沖縄振興予算として計上されるという具合である。[*50]

また額についても二〇一三年度普通会計決算ベースで、沖縄県への国庫支出金は全国一位、地方交付税交付金も含めた国からの財政移転は一四位であり、人口一人当たりで比較しても、国庫支出金と地方交付税の合計額は六位（いずれも東日本大震災被災地の岩手、宮城、福島の三県を除く）で、本土復帰後一度も全国一位にはなったことはない。[*51]

期限切れ後の新しい振興計画について沖縄県は、それまでの内閣府主導に代わって県主体で策定することを求めており、この頃には県主体で策定した振興計画に基づく国との予算折衝が大詰めを迎えていた。政府は当初見込み二六〇〇億円を土壇場で前年度比六三六億円増の二九三七億円まで増額し、そのうち沖縄県が強く望んだ、従来のようなひも付きではない一括交付金は五倍増という「大盤振る舞い」であった。政権側には、仲井真が辺野古移設で態度を軟化させることへの期待があったのは明らかであった。

第四章

「粛々と実行を」——安倍晋三政権

2013年12月、官邸で安倍首相との会談を終えた沖縄県の仲井真知事は、
車いすに座ったまま記者団の質問に答えた（写真提供：朝日新聞社）

「有史以来の予算」で「良い正月」

二〇一三年も押しつまった一二月二五日、安倍晋三首相との会談を終えた仲井真知事は、足腰に痛みがあるとして車いすに座ったまま記者団の取材に応じ、「有史以来の予算」「いろいろと驚くべき立派な内容をご提示いただいた」と顔をほころばせながら政府を絶賛する言葉を並べ、「良い正月になるなあ」とまで口にした。車に乗り込んだ後、仲井真は窓から笑顔で「ハブ・ア・ナイス・バケーション」と言いながら記者団に手を振った。この様子を沖縄の地元紙は社説で「おぞましい光景」[*1]と表現した。一体、何が仲井真をそこまで弾けさせ、なぜその振る舞いが沖縄での猛反発を引きおこすことになったのか。

これに先立つ一二月二〇日、山本一太沖縄担当相が「沖縄振興予算は、要求額三四〇八億円を超える三四六〇億円とする」と発表し、概算要求額を超える予算確保を誇ってみせた。そして足や腰の痛みを訴えて東京都内で「入院中」とされていた仲井真は、退院して二五日に安倍首相と会談し、この席で安倍は沖縄振興予算を二〇二一年度までの八年間にわたって毎年三〇〇〇億円台確保することや、那覇空港第二滑走路を二〇一九年末までに完成させることも約束したのである。普天間基地に配備された米軍機オスプレイの訓練の約半分を県外移転するための作業チームを防衛省内に設置したことも伝えた。

「有史以来の予算」と引き換えに安倍政権が仲井真に求めたのは、普天間基地の代替施設として辺野古に「新基地」を建設するため、県知事として国からの埋め立て申請を承認することであった。

前章で述べたように仲井真は二〇一〇年一一月の知事選に際しては、「普天間基地は県外移設へ！」「国民全体の問題として日本の安全保障を考えるべき！」といったキャッチコピーを掲げることによって、「県内移設反対」を掲げる相手候補の主張を無力化して再選を果たし、その後も「辺野古移設は不可能」「辺野古は現実的ではない」といった見解を繰り返し示していた。二〇一二年一〇月には訪米し、普天間基地の移設先について九州や四国、中国地方などを例示し、「すでに滑走路がある場所へ移す方が早い」と提言した。[*2]

また二〇一二年七月には、後述するように当時、問題化していた普天間基地へのオスプレイ配備をめぐり、配備を強行し事故などがおきれば、「（在沖米軍の）全基地即時閉鎖という動きに行かざるを得なくなる」と政府の認識の甘さを突いた。

一方、政府の側からすれば、日米合意に基づいて辺野古への「新基地建設」を進めようとすれば、最大の関門となるのが、沖縄県知事が許可の権限を持つ公有水面埋め立て申請であった。二〇一二年一一月、野田政権は仲井真知事に対する公有水面埋め立て申請を、翌月の衆院選後に先送りする方針を固めた。[*3] 前月の一〇月には、地元が強く反対する中で普天間基地にオスプレイが配備され、また沖縄本島中部で米海軍兵士二人による成人女性に対する集団強姦(ごうかん)致傷事件もおきていた。沖縄県内の世論感情を踏まえれば、知事から埋め立て同意が得られる見込みは到底なかったのである。

ところが本章冒頭の二〇一三年末の場面である。仲井真はそれまでの態度をあっけなく一転させ、安倍政権による沖縄振興策をこれ以上ない言葉で称えたのである。仲井真が、安倍政権の欲する埋め立て申請承認に踏み切るつもりであることは明らかであった。しかしそれは二〇一〇年の知事再選時、そして知事としての二期目で「県外移設」を繰り返し訴えてきた仲井真の著しい「豹変(ひょうへん)」であった。沖縄県内からの猛反発が予想される中、沖縄に戻った仲井真の身辺には、沖縄県警が厳しい警備態勢を敷くようになった。

仲井真は二〇一三年一二月二七日、那覇市の知事公舎で記者会見し、政府が申請した普天間基地移設に向けた名護市辺野古の埋め立てを承認したと表明した。何がこの仲井真の豹変をもたらしたのか。

全候補者が「県外移設」

鳩山首相が本土に移設先を探した際、名前が挙がっただけで各地で例外なく強い反対運動がわき起こったことは、沖縄にとっては、「米軍基地は沖縄においておけばいい」という本土の「本音」がまざまざと可視化されたものであった。また「最低でも県外」への逆風は、アメリカ側との対話や交渉を試みることもなしに「日米同盟に傷がつく」という論理で沖縄の犠牲を一顧だにしない本土メディア、そして世論の姿が露骨なまでに示されたという意味でも衝撃的であった。[*4]

二〇一〇年七月二九日、普天間基地を離発着する米軍機の騒音を違法だと訴える「普天間爆音訴訟」の控訴審判決で、福岡高裁那覇支部はヘリの低周波がもたらす精神的被害を初認定したが、判決後、原告団の島田善次団長は思い余ったように、会見場に詰めかけた全国メディアの記者に訴えた。

「沖縄の苦しみを他府県に押し付けたくないという仏心でやってきたが、いつまでたっても抑止力だ、安保条約だといって沖縄に押し付けている。皆さんが沖縄の現実を報道しなければ伝わらない」という島田の発言に、会場の原告や支援者からはこの日、一番大きな拍手がわき起こった。*5

沖縄を代表する論客の一人である沖縄大学名誉教授の新崎盛暉は、沖縄の地元紙の社説や寄稿文、投稿などで沖縄に対する「構造的差別」というキーワードが頻繁に使われるようになったのは、鳩山政権が瓦解した二〇一〇年六月頃からだと分析する。*6 二〇一二年一〇月から一一月に沖縄県が実施した県民意識調査では、在日米軍専用施設の約七四％が沖縄に集中することに、七割超が「差別的だ」と回答している。

このような沖縄県内の状況を前に、野田首相が解散に踏み切って行われた二〇一二年一二月の衆院選では、県内の民主、自民、共産、社民など主要政党の候補者は軒並み、普天間の「県外・国外移設」や「即時無条件撤去」を唱えた。これに対して本土では「普天間問題」はすっかり選挙の論点から消えていた。民主党本部は公約で「在日米軍再編に関する日米合意を着実に実施する」、自民党本部は「在日米軍再編を着実に進める」とうたい、ともに「普天間」に関して明記することを避けた。民主党への信頼が失墜したこともあって、「県外移設」を訴えた沖縄の自民党公認候補は県内四小選挙区のうち三選挙区を制し、比例区でも一人が復活当選した。そして全国的には自民が二九四議席と大勝する一方、民主は改選前の四分の一、五七議席という壊滅的大敗となった。

自民党の安倍晋三総裁は普天間について、衆院選挙期間中は具体的言及を封印していたが、一二月二六日に第二次安倍政権が発足する直前の段階で辺野古移設を明言した。その際、安倍は「民主党政権の迷走で、沖縄の皆さんの気持ちが裏切られた」と強調したが、県民の怒りの本旨は鳩山政権の迷走ぶりにあるのではなく、辺野古回帰の過程で「沖縄差別」というべき状況が可視化されたことに由来していたというべきであろう。

日米同盟の意義を唱える日本中枢の官僚、政治家、大手メディアなどが一体となって「県外移設」の壁として立ちはだかる現実や、鳩山自らが退任後、在沖海兵隊の抑止力を強調したのは「方便」だったと認めたことなどが積み重なり、多くの県民が辺野古移設を「理不尽」で「不当」と考えるようになっていたのである。

「代替施設」の大幅強化

第二次安倍政権が本格稼働を始めた二〇一三年二月、安倍晋三首相、岸田文雄外相が相次いで沖縄を訪問した。安倍自身、沖縄訪問によって地元との信頼関係を構築するよう関係閣僚に指示していた。「沖縄詣で」は内閣の顔ぶれが入れ替わるタイミング、もしくは政府が沖縄に基地政策で翻意を促すときに活発化するが、このときも単なる顔合わせの意味合いだけでなく、仲井真知事に埋め立て許可申請を提出する時期を探る意図があった。

仲井真知事は安倍首相、岸田外相との面談で「県外移設」を求めはしたものの、柔和な笑顔で迎えるなど、民主党政権時とは異なる「蜜月ムード」も漂った。こうした政府と仲井真知事の「間合い」を見据えた上で、沖縄防衛局は三月二二日、辺野古移設に向けた公有水面埋め立て申請書を沖縄県に提出した。

埋め立て申請の段階で明らかになったのが、代替施設の軍港機能であった。沖縄防衛局は環境影響評価手続きの段階までは、代替施設の岸壁の長さは二〇〇メートルと記載していた。しかし、埋め立て申請を県に提出した段階で代替施設の岸壁の長さは二七二メートルに延長修正されていた。これはアメリカ国防総省が定めた強襲揚陸艦着岸の安全基準値と合致する数値であり、代替施設に海兵隊の移動手段である強襲揚陸艦が常時接岸できる機能を付与することが明らかになった。しかし軍港機能に関して日本政府は、「故障した航空機を搬出する輸送機が（代替施設では）着陸できなくなるため、代わりに運搬船が接岸できるようにするもの」[*7]と説明し、強襲揚陸艦の利用を否定している。しかし米軍の運用に関する政府の「隠蔽体質」を肌で知る沖縄県民にとって、これは額面通りには受け取れないものであった。

二〇一三年七月に参院選が行われる段階になると、東京の自民党本部と自民党沖縄県連との「ねじれ」は覆いがたいものになった。自民党本部は「辺野古への移設を推進する」と明記する一方、自民党沖縄県連は「県外移設」を掲げたのである。公示前日の党首討論会で安倍首相は、自民党としての公約の整合性について、「地域の取り組みを独自に示しているものだ。県連が希望として書いている」と述べるのと同時に、「党本部で出したものが党の公約だ」と断言した。[*8]

沖縄選挙区で自民党公認となった安里政晃（あさとまさあき）候補は県外移設を訴えた一方、安里を支援するため沖縄入りした安倍首相や石破茂自民党幹事長は、「普天間の一日も早い移設」を強調しつつ「辺野古移設」には言及しなかった。記者団に真意を問われた石破は「(安里)候補の応援に来ている。まったく違うことを言ってどういうことが起こるのか。選挙のやり方はそういうもの」とあからさまに述べた。[*9] 結局この参院選で全国レベルでは自民が大勝したが、沖縄では「沖縄には海にも陸にもこれ以上の軍事基地はつくらせない」と辺野古移設阻止を明確に訴えた沖縄社会大衆党委員長の糸数慶子が当選を果たした。

「県外移設」の公約を次々放棄

仲井真知事はこの参院選が公示された後の七月一二日、埋め立て申請の可否判断を下す時期について「年末か年明けと考えている」との認識を示した。政府側には、翌二〇一四年一月には名護市長選が控えており、辺野古移設に反対する稲嶺進市長が再選されれば、知事の埋め立て承認は困難になるとの判断もあり、知事からの年内の同意取り付けを念頭に攻勢をかける態勢を整えつつあった。まずは「県外移設」を公約に当選した県選出の自民党国会議員の「公約」を破棄させることである。

沖縄で「県外移設」を掲げて当選した自民党国会議員五人のうち、まず先陣を切る形で、二〇一〇年七月の参院選で「（辺野古に座り込む）オジイ、オバアの気持ちを十分理解したが故に県外移設を主張した」と訴えて当選した島尻安伊子参院議員が、二〇一三年四月二二日の参院予算委員会で「沖縄の取るべき道は、間違いなく日米合意の道だ」と前言を翻して断言した。[*10] また、二〇一二年一二月の衆院選で「県外移設」を公約に掲げて当選した西銘恒三郎衆院議員も、二〇一三年四月には辺野古移設容認への転換を表明していた。

自民党本部は残る三人の自民党国会議員に対し、離党勧告もちらつかせながら選挙公約である「県外移設」の放棄を迫った。二〇一三年一一月二五日、沖縄県選出の自民党国会議員五人が自民党本部で石破茂幹事長と会談し、「辺野古を含むあらゆる可能性を排除しない」ことで一致し、仲井真知事に埋め立て承認を求める方針も確認した。東京・永田町の自民党本部で記者会見した際、石破が壇上に立つ傍らで、硬い表情でうつむく五人の沖縄の議員が並び座らされる光景は県民には屈辱的に映り、「二一世紀の『琉球処分』[*11]」との声も上がった。

選挙公約では「県外移設」を掲げることを黙認しておきながら、当選すれば公約を撤回させるというこのような自民党の手法は、有権者の民意を切り捨てる行為だと言われてもやむを得まい。また、離党覚悟で「県外移設」の公約を貫こうとする議員も皆無であった。

この二日後には、自民党沖縄県連が議員総会で辺野古移設を容認する方針を決定する。このように外堀を埋めて「知事包囲網」を構築し、仲井真知事に埋め立て承認を迫る自民党・安倍政権の手法が着々と進んだ背景には、党の公認が得られなければ選挙で当選できないと考える議員個々の内実もあった。

一方、自民とともに仲井真県政の与党である公明党の沖縄県本部は一二月一三日、普天間基地の県外移設を堅持し、埋め立て申請を不承認とするよう求める提言書を作成し、仲井真知事に提出した。

当の仲井真はこの時点まで、「辺野古移設でなければ普天間は固定化する」という政府の「脅し文句」に対し、「簡単に固定化を口にする役人がいるとすれば無能」「一種の堕落である」と厳しく批判していた。

仲井真知事の「異変」と「豹変」

仲井真の「異変」が表面化したのは、公明党県本部の提言書に同調姿勢を示してから、わずか数日後のことであった。沖縄政策協議会に出席するためとして上京した仲井真は、腰から足にかけて痛みがあるとして都内の病院に突然入院した。しかし実際には、入院中の一二月一七日から二五日の間に、病院の内外で菅義偉(すがよしひで)官房長官をはじめ政府、与党関係者と密会していたことがその後、明らかになる。*12

水面下で行われていた仲井真と官邸の交渉の片鱗(へんりん)は、一二月一七日の沖縄政策協議会で浮かび上がる。同協議会は、関係各大臣と沖縄県知事が沖縄に関連する基本政策について協議する場である。この席で仲井真は振興策の要望とともに、「普天間基地の五年以内の運用停止」と「オスプレイ一二機程度を県外の拠点に配備」することなどを要望した。「五年」「一二機」といった具体的な数字を挙げた知事の基地負担軽減の要望が公式に打ち出されるのは、これが初めてだった。しかし、なぜ「五年以内」、「一二機程度」なのか、という根拠は明示されないままであった。また普天間基地に二四機配備されているオスプレイのうち、半数を県外にということは、あとの一二機を沖縄県内に残すことでもある。これは、仲井真が公約で掲げてきた「県外移設」とは矛盾するものであった。

「沖縄タイムス」は翌一八日朝刊で、これは承認に向けた「事実上の条件提示」だと報じた。この直前まで「沖縄タイムス」を含む沖縄の地元メディアの大半は仲井真の不承認を期待し、擁護する論陣を張っていた。仲井真は一二月に入ってからも県議会で「県外移設は県民との公約であり実現に向けて全力で取り組む」と答弁していた。*13

安倍首相は、沖縄政策協議会での仲井真知事の要望に対し、「最大限努力する」と回答した。仲井真は政府からの基地負担軽減策の具体的な回答を待って、埋め立て申請の諾否を下す意向を示していた。「普天間基地の五年以内の運用停止」と「オスプレイ一二機程度を県外の拠点に配備」といった仲井真の要請は、本当に実現を目指すのであれば安倍政権にとってハードルは相当に高い。日本政府がアメリカ側と交渉し、実効性のある担保を得るには明らかに時間不足であった。だが、「最大限の努力」といった口約束でお茶を濁すのであれば、それほど困難ではない。

沖縄県の埋め立て申請の審査は最終段階を迎えており、政治的な判断で引き延ばす覚悟が仲井真にどれだけあるのかも不明だった。すべては仲井真の腹にかかっており、沖縄県民への説明は何もないという状況であった。これまで沖縄世論の幅広い層が仲井真県政を評価してきたのは、県民世論を踏まえ、「県外移設」の公約に沿った判断をするという前提があるからだったが、その信頼は完全に揺らぎかねない状況であった。

そして一二月二五日の本章冒頭の場面である。安倍首相との会談後、仲井真は増額された予算措置等に「驚くべき立派な内容だ」「一四〇万県民を代表して心から感謝する」と手放しで歓迎し、「首相の気持ちを胸に受け止め、埋め立ての承認、不承認を二七日ごろに決める」と述べた。首相と知事の会談は、ほぼすべて記者団に公開され、「このやりとりを国民に見せ、普天間移設問題をめぐって、政府と沖縄が共同歩調を取り始めていることをアピールしようとした『政治ショー』そのもの[*14]」という様相であった。

埋め立て承認、「失望と苦痛」

仲井真知事は二〇一三年一二月二七日、那覇市の知事公舎で記者会見し、政府が申請した普天間基地移設に向けた名護市辺野古の埋め立てを承認したと表明した。承認理由について仲井真は「現段階で取り得る環境保全措置が講じられており、（公有水面埋立法の）基準に適合していると判断した」と説明。「県外移設を求める」とした選挙公約との齟齬を問われると、「今のは質問か、私に対する批判か」と気色ばむ一方、「県外の既に飛行場のある場所へ移設するほうが最も早いという私の考えは変わらない」とし、公約違反には当たらないと突っぱねた。また、普天間基地の「五年以内」の運用停止については「政府がどういう風に困難を乗り越えるか注目したい」「首相の強いリーダーシップで道筋が見えつつある」と評価し、首相の取り組む姿勢が「最高の担保だ」とも述べた。

一方で仲井真が強調したのは、安倍政権の積極的な沖縄振興策であった。「沖縄振興予算三〇〇〇億円台の確保」を成果に挙げ、「今後の沖縄発展に不可欠だ。沖縄への思いは、かつてのどの内閣にも増して強い」と安倍政権を評価したが、実際には沖縄振興予算はそれまでも、二〇〇三年度まで一二年連続で三〇〇〇億円を超えていた。*15

また仲井真は「基地と振興策のリンクを認めたということか」という記者からの質問に対して、「基本的には沖縄振興と基地問題の解決、負担の軽減はリンクしていない」と否定したものの、普天間代替施設の埋め立て申請を承認した理由を説明する会見において、安倍政権の振興策を評価する仲井真の姿自体が、両者がリンクしていることをまざまざと示すものであった。

仲井真はこの年六月二三日の沖縄全戦没者追悼式において、安倍首相も出席する中、「沖縄は、今もなお、米軍基地の過重な負担を強いられています。一日も早い普天間飛行場の県外移設、そして、日米地位協定の抜本的な見直しなどを求めます」と読み上げ、過去三回にわたる追悼式でも、多くの参列者を前に「県外移設」を主張してきた。これまで県民の民意を背負って政府と対峙しているかに見えた仲井真の豹変ぶりと、埋め立て承認を表明する際に「振興策との引き換え」があからさまだったことは沖縄県内に強い反発を引きおこした。仲井真の支持基盤であるはずの経済界からも、「これまでの知事の公式発言からは『承認』という結論はとても引き出せない。（沖縄は）カネを積めば納得するという印象を発信したとすれば取り返しのつかない罪だ」（沖縄県商工会連合会の照屋義実会長）といった批判や反発が相次いだ。*16

そして二〇一四年一月一〇日、沖縄県議会は仲井真知事の公約違反に抗議し、辞任を求める決議を賛成多数で可決した。沖縄県議会で知事に辞任を要求する決議が可決されたのは初めてのことであった。決議文は「『驚くべき立派な内容』『一四〇万県民を代表して感謝する』などと県民を代表して謝意を述べ、米軍基地と振興策を進んで取り引きするような姿がメディアを通じて全国に発信されたことは屈辱的ですらあり、県民に大きな失望と苦痛を与えた。……かつて、これほどまでに政府につき従い、民意に背を向けた県知事はいない」と指弾した。しかし、同決議には地方自治法に基づく不信任決議のような法的拘束力はなく、仲井真は辞任を否定した。

仲井真の埋め立て承認によって、沖縄県が行政の権限を駆使して辺野古移設に歯止めをかける最大のカードは失われた。一方、県議会の辞職要求決議文でも指摘されたように、仲井真が埋め立て承認に際して県民感情を裏切る形になったことが、やがて「あらゆる手段を使っても辺野古に新しい基地はつくらせない」とする翁長知事を誕生させることになる。

仲井真知事の「真意」

安倍首相は仲井真知事の埋め立て承認の表明を受け、首相官邸で記者団に「知事の英断に感謝申し上げたい」と述べ、普天間の五年以内の運用停止などについては「知事との約束は県民との約束だ。できることはすべてやる」と明言した。一方、菅官房長官は同日の会見で「速やかに準備に入り工事に着手する」と辺野古での代替施設建設工事に本格的に着手する方針を打ち出した。

仲井真は再選を目指した二〇一〇年の知事選に際し、選対本部長を務めた翁長雄志那覇市長の強い勧めで「県外移設」を公約に盛り込み、当選を果たした。果たして仲井真の本意はどこにあったのか。仲井真にとっては「普天間問題の早期決着」が重要な課題だった。そのことは、「県外移設のほうが早い」と繰り返す一方、辺野古移設の是非には踏み込まないという独特の言い回しにも見て取ることができる。

仲井真には埋め立て承認を拒んだ場合、その後の基地問題や沖縄振興策の「展望が開けない」との思いもあった。仲井真は埋め立て承認表明の直前、「承認を断った場合、振興計画などが現在のように進むのか、大変不安を感じる」と与党県議らに漏らしている。一九九八年、当時の大田昌秀知事が辺野古沖の海上基地建設に対する反対を明確にしたのを境に、政府が手のひらを返したように大田県政に対して非協力的な姿勢に転じた過去も考慮したと明かしたという。[*17]

一方で仲井真の姿勢は既定路線だったという見方もできる。知事の「高度な政治判断」

がなければ不承認はあり得ない。国による埋め立て申請を不承認とした例は全国的にもなく、仮に不承認とするならば長期にわたって政府と対峙する綿密な準備が必要だが、その具体的なシナリオについて県内部で十分詰められた形跡はなかった。

一方、官邸サイドでは、知事承認取り付けへの手立ては数カ月前から着々と打たれていた。二〇一三年八月二一日から二四日にかけて「夏休み」で沖縄を訪れた菅官房長官は、仲井真と名護市内のホテルで会食したことが複数のメディアによって報じられている。仲井真は自民党政権への移行後は、政府中枢との信頼醸成に積極的に臨んでいた。

ハシゴを外された「プランB」

一方、それまでアメリカ議会では重鎮議員たちが「辺野古は非現実的」と唱えていたが、仲井真の埋め立て申請承認によってハシゴを外される形となった。

二〇一二会計年度のグアム移転関連予算を全額凍結したアメリカ議会は、二〇一三、一四会計年度についても、議会内で計画の実現性を疑問視する声があったことから、一部を除いて執行を凍結していた。しかし、二〇一二年の日米合意で辺野古移設とグアム移転を切り離すことが決定され、一四年夏には国防総省がアメリカ議会に対し、グアム移転の費用や工程を見積もった基本計画を提出したため、議会側は予算の凍結解除へ移行する。二〇一五会計年度の国防権限法案は、在沖海兵隊のうち約四〇〇〇人のグアム移転に関する予算凍結の解除を盛り込んだ。これにより、予算面でも普天間基地の辺野古移設の進捗（しんちょく）とは無関係に在沖海兵隊の大幅削減が実行される道筋がついた。

上院軍事委員会のマケイン委員長は、二〇一一年五月にはゲーツ国防長官宛て書簡で、「現行の再編計画は非現実的であり、機能せず、財政的に見合わないと確信する」と辺野古移設の実現性を危ぶみ、嘉手納統合案を提起していた。しかし二〇一五年九月の国防権限法の最終案発表に際しては、「代替施設建設は（仲井真知事の）埋め立て承認で重要な進展を遂げた。辺野古移設を容認する米議会の方針は変わらない」[*18]と述べるようになっていた。普天間基地の辺野古移設と在沖海兵隊のグアム移転が分離されたことに加え、仲井真が辺野古の埋め立てを承認したことによって、アメリカ議会が辺野古移設の「進展」に神経をとがらせる必要性はなくなったのである。

仲井真知事の埋め立て承認により、アメリカ内部で検討されていた「プランB（移設計画の代替案）」も事実上、立ち消えになった。元国務副長官のアーミテージは二〇一五年八月に掲載されたインタビューで、「米国内で本気でプランBを考えている人はいない。私には現状を変えることはできない」と述べ、[*19]事実上それまでの「プランB」の提言を撤回している。

だが一方で、「県外移設」を掲げて当選した二期目の就任以来、仲井真知事が折に触れて日米政府に「県外移設」を求めてきたのは厳然たる事実である。仲井真の「豹変」によって、切り捨てられ、取り残される形になったのが「沖縄の民意」であった。

仲井真知事は二〇一三年一二月二五日の安倍首相との会談で、政権の「応援団」を自称し、アジア太平洋地域の安定と繁栄に「何か貢献できることは大変誇りに思う」と述べた。この翌日、安倍は靖国（やすくに）神社への参拝を敢行する。安倍は、辺野古移設で仲井真から前向きの対応を引き出すという「得点」を稼いだことで、靖国参拝に対してアメリカ政府が表立って批判してくることはないと踏んでいたと見られる。[*20]しかしアメリカ政府は「失望」を表明した。異例ともいえる強い形での懸念表明である。安倍の靖国参拝は中国や韓国との関係改善を遠ざけ、緊張を高めるのは必至の情勢であった。日中関係が険悪になればなるほど、沖縄に軍事的に重要な役割を担わせる「論拠」が強化されていく。沖縄県民からすれば、「不条理」というほかない「現実」であった。

不信を招く政府の「隠蔽」

沖縄で従来の保革対立の構図を超え、超党派の「オール沖縄」体制が構築されるきっかけは、二〇一二年一〇月の垂直離着陸機MV—22オスプレイの普天間基地への配備であった。両翼のプロペラ部分を可動式にすることでヘリコプターと固定翼機の性能を併せ持つオスプレイは、開発段階から深刻な事故が相次ぎ、沖縄の自治体や世論は早くから普天間基地への配備動向を注視していた。しかし、日本政府は直前まで配備計画の存在を認めず、こうした情報の隠蔽と問題の先送りが、沖縄県民の「政府不信」を増幅させる結果を招いていた。

普天間基地へのオスプレイ配備構想が初めて表面化したのは、一九八七年五月のことである。同基地などに所属するCH—46中型輸送ヘリの後継機として、米海兵隊がオスプレイの導入を検討していることが、在沖海兵隊機関紙「オキナワマリン」の報道で判明した。

それを五月三〇日付で「沖縄タイムス」が報じた際、在沖海兵隊報道部は「アメリカ本国から配備が始まり、沖縄は最後になる」とコメントしている。配備時期については明言を避けつつも、沖縄配備構想を認めていた。

ＳＡＣＯ最終報告が間近に迫った一九九六年一一月二六日、東京で行われた在日米軍、外務省、防衛庁（当時）の協議を記録したアメリカ側文書もオスプレイに言及している。この議事録には、在日米軍高官のコメントとして「日本政府はまだ、オスプレイの駐機を発表していない。在日米軍は早急に公表されることを望む」と記載され、日本政府の「隠蔽体質」を嘆くくだりがある。[*21]

アメリカ側はその後も、第三海兵遠征軍副司令官や、海兵隊総司令官の発言、さらには米海兵隊航空計画などで、具体的な時期を含めた配備計画を公表し続けた。沖縄の米軍第三海兵遠征軍のジョン・カステロー副司令官は一九九九年一月、オスプレイについて「現在の予定では二〇〇七―八年に沖縄に配備される」と明言した。

にもかかわらず、日本の関係閣僚は沖縄配備に関する質問を受けるたび、木で鼻を括（くく）ったような国会答弁に終始してきた。例えば一九九九年一二月、河野洋平外相は「具体的な

（配備）予定はないとの回答を（アメリカ側から）受けている」と参院予算委員会で答弁し、二〇〇六年三月に小泉政権は、「米国から沖縄配備について具体的な予定はないとの回答を得ている」との答弁書を閣議決定している。

配備が迫り、このままではさすがに放置できないと考えたのか、あるいは自民党政権との違いを強調する意図も働いたためか、二〇〇九年九月の政権交代から約半年後、民主党政権の閣僚はようやくオスプレイ配備の可能性に言及し始めた。しかしその際には、「性能が安定している」（北澤俊美防衛相）、「安全性が向上している」（松本剛明外相）など、沖縄への配備を問題視しない姿勢を打ち出した。政府は辺野古移設に伴う環境影響評価の過程でオスプレイ配備には触れてこなかったが、方法書、準備書に続く環境評価手続きの最終段階である評価書（二〇一一年一二月提出）になって、初めてオスプレイの影響を盛り込んだ。従来の輸送ヘリとはまったく異なるシステムと機能を備えたオスプレイの配備は、単なる「使用機種の変更」にとどまらない。オスプレイ配備が前提となれば、普天間代替施設の環境影響評価手続きの有効性も問われかねない状況だった。

二〇一二年七月一六日、野田佳彦首相は民放テレビ番組でオスプレイ配備について問われ、「配備自体はアメリカ政府の方針であり、（日本は）それをどうしろこうしろとは言えない」と発言し、沖縄県民の怒りを増幅させた。九月九日には普天間基地のある宜野湾市内でオスプレイ配備反対と普天間基地の撤去を求める県民大会が開かれ、翁長雄志那覇市長らが超党派で共同代表を務めた。一方、配備に反対する市民は台風一七号直撃の間隙を縫い、車をバリケード代わりにして九月二七日から普天間基地の主要三ゲートを封鎖に追い込んだ。封鎖は配備直前の三〇日に沖縄県警が強制排除するまで四日間にわたって続いたが、オスプレイは一時駐機されていた岩国基地から一〇月一日に普天間に移動し、同基地への配備が始まった。

「オール沖縄」と翁長雄志

沖縄では基地問題や歴史認識問題をめぐって、保革を超えた超党派で対応するケースは、それまでも珍しくはなかった。沖縄戦の最中におきた「集団自決（強制集団死）」について、日本軍による「強制」を削除した高校教科書検定の撤回を求める二〇〇七年の県民大会も、超党派で問題を共有する態勢が築かれた。これに対してオスプレイ配備をめぐって二〇一二年九月の県民大会で集結した超党派勢力は、辺野古新基地建設をめぐる「差別的構造」への憤りとも相まって、オスプレイ配備後も維持されたことに従来との違いがあった。そしてこの気運の中心にいたのが、「オール沖縄」を掲げた那覇市長の翁長雄志であった。翁長は、父が那覇市と合併する前の旧真和志村長、兄は沖縄県副知事も務めた政治家一家に育った。「保守のサラブレッド」として那覇市議二期、沖縄県議二期を経て、二〇〇〇年那覇市長に当選。那覇市長就任までは自民党県連幹事長として条件付きの「辺野古移設」を容認する立場で歴代の稲嶺、仲井真両知事の選挙戦の指揮をとり、公約の立案にも関与した。稲嶺の普天間代替施設の「一五年使用期限」の設定にも翁長は一役かっている。

稲嶺の政策発表前、「使用期限」を知事選公約に盛り込むことについては政府内から「現実的ではない」と拒絶反応しか返ってこなかった。そこで自民党県連幹事長だった翁長は当時、防衛施設庁施設部長から防衛庁官房長に抜擢される直前で、防衛官僚として頭角を現しつつあった守屋武昌と那覇市内で面談し、「県民の思いも公約に入れさせてもらわなければ選挙結果に責任をもてない」と伝えた。「守屋に伝えれば、すぐに政府中枢に伝わるはずだ」との思いがあったという。*22

第三章で触れたように、二〇一〇年一一月の沖縄県知事選で仲井真の選対本部長を引き受ける条件として、公約に「県外移設」を盛り込ませたのは翁長であった。このときの翁長には、選挙戦術として「県外移設」を掲げなければ選挙に勝てないという側面だけではない思いがあった。「自民党でない国民は、沖縄の基地問題に理解があると思っていたんですよ。ところが政権交代して民主党になったら、何のことはない、民主党も全く同じことをする」「僕らはね、もう折れてしまったんです。何だ、本土の人はみんな一緒じゃないの、と。沖縄の声と合わせるように、鳩山さんが『県外』と言っても一顧だにしない。沖縄で自民党とか民主党とか言っている場合じゃないなという区切りが、鳩山内閣でつきました[*23]」。

二〇一三年一月二八日、沖縄県内の全四一市町村長と議長らがオスプレイ配備撤回と普天間基地の即時閉鎖・返還や県内移設断念を求める「建白書」を安倍首相に直接提出した。この「東京要請行動」の際、二七日に銀座をデモ行進していた要請団に、旭日旗を掲げる団体から「売国奴」「日本から出て行け」などと罵声(ばせい)が浴びせられた。この体験は、翁長をはじめ沖縄のデモ行進参加者に強い衝撃を与えた。日本政府だけでなく、国民世論を含めた沖縄に対する無理解と無関心は、沖縄内部の結束を強める方向に作用した。保守・革新といったイデオロギーによって県民が分断されるのではなく、アイデンティティーや自己決定権の確立を図ることによって沖縄の民意を結集し、「本土」の壁に対抗する、その気運を盛り上げる上で、中心的役割を果たしたのが、翁長だったのである。

一方、名護市では、仲井真知事が埋め立て申請を承認した翌月の二〇一四年一月に市長選挙が行われることになっており、辺野古移設「反対」を明確にして当選し、再選を目指す現職の稲嶺進市長と、自民推薦で「推進」を掲げる末松文信候補の一騎打ちとなった。日米両政府が辺野古移設を決めて以降、五回目となる市長選であったが、「推進」と「反対」を明確に掲げた候補による一騎打ちは初めてだった。

移設の是非を問う「住民投票」の性格も帯びる中、一月一九日の投開票では、「海にも陸にも新しい基地はつくらせない」とする稲嶺進市長が前回選挙の票差（一五八八票）の倍以上の四一五五票差で大勝した。推進派候補を全面支援した仲井真知事への批判が、稲嶺票を押し上げたことは否定できなかった。市長選告示後の名護市民に対する世論調査で、知事の不支持は五一％（支持二四％）に上った。単純な比較はできないが、知事が埋め立て申請を承認する前の二〇一三年一二月中旬に実施した県民世論調査では、支持率が五七%（不支持一四%）であった。[*24]

勢いを増す「移設反対」と政府の「粛々」

自民党本部も「移設推進」の末松候補に全力でテコ入れをしたが、結果として逆効果であった。市長選挙告示後の一月一六日に名護市で演説した自民党の石破茂幹事長は、五〇〇億円規模の「名護振興基金」創設の意向を表明した（末松候補が敗れると事実上撤回）。有力政治家が告示後になって巨額の予算を提示し、特定候補への投票を呼び掛ける。こうした姿勢は「札束で有権者の頰を殴るような露骨な利益誘導[*25]」との批判を浴びた。そもそも与党幹事長に予算配分の権限はない。石破は来県前の一月一二日にも、「基地の場所は政府が決めるものだ」と発言し、地元で物議を醸していた。名護市長選で移設に反対する稲嶺市長の優勢が伝わると、菅官房長官は一月一四日には早々に、名護市長選の結果に左右されることなく辺野古移設を「粛々と進めていきたい」との意向を示し、予防線をはった。

同市長選には、元沖縄県議会議長で元自民党県連顧問の仲里利信など保守の重鎮も、稲嶺支援に駆け付けた。仲井真の埋め立て承認に対しては、保守系の政治家からも「沖縄がお金で移設を納得したような話になる。全国からどう見られるか。その影響は大きい[26]」といった批判が噴き出していた。沖縄県内では「県内移設」の不条理が認識されるにつれ、「普天間移設」問題ではなく、辺野古への「新基地建設」問題であるとの認識も定着しつつあった。そうした県内世論を体現したのが名護市の稲嶺進市長の公約であり、仲里の行動であった。

沖縄県内で辺野古移設反対派の勢いが増す中、沖縄防衛局は二〇一四年一二月の仲井真の任期満了前に、移設に向けたボーリング調査に必要な業者を選定する入札を、すべて完了させる手はずを整えていた。また、官邸は二〇一三年夏、海上保安庁長官に現場生え抜きでは初となる海上保安官出身の佐藤雄二を起用した。これにより、反対派の強制排除に積極的に乗り出す態勢固めが行われた[27]。安倍内閣は二〇一四年七月一日、キャンプ・シュワブ沿岸域の立ち入り禁止水域を拡大することを閣議決定し、翌二日に官報告示した。政府からは「反対派が建設予定地の海域に入れば『刑事特別法』（刑特法）で摘発する」との方針も漏れ伝わるようになった。

二〇一四年八月一八日、沖縄防衛局は満を持して辺野古海域でのボーリング調査に着手する。キャンプ・シュワブゲート前には、民間警備員が立ちはだかり、その奥には県警機動隊員が控える態勢が整えられた。海上には、大幅に拡大された立ち入り禁止海域にブイ（浮標）やフロート（浮具）が張り巡らされ、沖縄防衛局の監視船のほか、海上保安庁の巡視船やボートが幾重にも厳重警戒を敷いた。地上では座り込みをする市民らを機動隊員が、海上ではカヌーに乗って新基地建設反対を訴える人々を海上保安官が容赦なく排除し、拘束した。

翁長の当選、仲井真の大敗

一一月の知事選が迫る中、仲井真の苦戦は安倍政権も把握していた。七月四日、自民党の石破幹事長は、党沖縄県連会長の西銘恒三郎衆院議員らと党本部で会談し、県知事選で立候補が有力視されていた仲井真知事の三選は厳しいとの見方を示した。*28 党本部が難色を示したのは、独自の情勢調査で、出馬が予想された那覇市長の翁長に大差を付けられていたからであった。しかし、沖縄県連は党中央の判断を受け付けなかった。仲井真の三選出馬は「本人の強い意欲」と「保守系の市町村首長の強い支持」が理由とされているが、翁長に対抗できる有力候補を探しきれなかったことも要因の一つに挙げられるであろう。

結局自民党は、辺野古移設実現の期待を繋いだ立役者である仲井真を厚遇する方針を固め、八月二七日には自民党本部の河村建夫選挙対策委員長が那覇市内のホテルで仲井真に直接、知事選の推薦証を手渡した。党本部の選対委員長が出向いて推薦証を候補者本人に直接手渡すのは全国でも例のない扱いだったが、安倍政権は知事選の結果にかかわらず新基地建設を進めるため、ここでも予防線をはることを怠らなかった。菅官房長官は九月一〇日の会見で辺野古移設問題について「過去の問題だ。最大の関心は沖縄県が埋め立てを承認するかどうかだった」とし、仲井真知事の承認で「一つの区切りが付いている」との見解を示した。

一方、仲井真と袂(たもと)を分かった翁長の支持母体は、自民系那覇市議団などを中心とする一部の保守に革新勢力が加わる形だったが、翁長陣営はこうした構図から脱却して「オール沖縄」にウイングを広げる態勢づくりに注力した。先述のように普天間基地へのオスプレイ配備中止と県内移設断念を求める「建白書」を安倍首相に提出した二〇一三年一月の東京要請行動には、県議会と全市町村の代表らが参加した。その後、自民党県連が脱退したものの、「オール沖縄」でまとまった建白書の下に結集することで、理念が一致する保守層にも支持を広げようとしたのである。その成否が、「オール沖縄」の結束を呼び掛ける県民運動を牽引してきた翁長を知事候補とする受け皿の整備と直結していた。

公明党沖縄県本部は、仲井真知事が辺野古埋め立てを承認したことに反発し、県政連立与党でありながら仲井真への推薦を見送り、自主投票を決定した。また、沖縄県内大手の観光業の「かりゆしグループ」CEOの平良朝敬（たいらちょうけい）、建設・小売り大手の金秀グループの呉屋守将（ごやもりまさ）会長といった有力経済人も翁長支持に回った。こうして自民系那覇市議団が立候補要請する形をとりつつ、経済界有志、中道政党も加わって「オール沖縄」体制の構築が図られ、沖縄県知事選で革新側も保守候補を推すかつてない構図が実現した。この結果、一九七二年の復帰後、常に「保革対決」だった知事選の構図が初めて崩れる形で争われることになった。

二〇一四年九月一三日の出馬表明会見で、翁長は支持者を前に「保守、革新は乗り越えたと思っている。県民に寄り添うお互いでありたい」と呼び掛けた。県内の保守政治家の中心的存在として、選挙や議会で革新側を厳しく追及してきた翁長の「ノーサイド」宣言に応じ、自民系の那覇市議団や経済界ら保守勢力に加え、社民、共産、社大（沖縄社会大衆党）など革新政党の国会議員らが最前列に顔を揃えた「異例」の舞台[29]となった。

翁長は仲井真県政が策定した沖縄県の振興政策の柱となる「沖縄二一世紀ビジョン」を「県民全員でつくり上げた」としてほぼ踏襲する姿勢を表明し、仲井真との明確な違いは普天間問題一本[30]という構図を打ち出した。翁長はまた、「米軍基地は経済発展の最大の阻害要因」と訴え、普天間基地をはじめとする基地返還と跡地利用の促進を訴えた。

こうした翁長の主張が説得力をもつ背景には、沖縄経済に占める基地依存度が、一九七二年の復帰時には一五・五％だったのに対して、四・九％（二〇一一年度）にまで低下していたことが挙げられる。「沖縄タイムス」と「琉球放送」が知事選告示前の二〇一四年一〇月に実施した世論調査では、投票する際、一番重視する政策は「基地問題」（三九・七％）が最も多く、「経済の活性化」（二九％）を上回った。同調査では、前年末の仲井真知事による辺野古埋め立て承認に反対する回答は六一・九％を占め、普天間基地の移設先に「県外・国外」を選択した人は七六％に上った。[31]

果たして一一月一六日に投開票された沖縄県知事選では、「辺野古に新基地をつくらせない」「イデオロギーよりアイデンティティー」と訴えた翁長が三六万八〇〇〇票余を集め、現職の仲井真が獲得した二六万一〇〇〇票余に九万九七四四票の大差をつけ、初当選を果たした。当選を決めた翁長は「日本も変わってもらい、全体で(基地)負担をしてもらいたい」と呼び掛けた。だが、翁長の知事選当選を受けた政府方針について、菅官房長官は翌一七日、「辺野古移設が唯一の解決策と一貫している。粛々と進めていきたい」と一顧だにしない姿勢を示した。[*32]

沖縄県と国の法廷闘争へ

翁長が沖縄県知事選に当選してから五日後の二〇一四年一一月二一日、安倍晋三首相は衆議院解散に踏み切った。安倍政権は同年七月一日に閣議決定した集団的自衛権の行使容認を盛り込んだ安全保障関連法案の国会提出を当面見送る一方、最大の争点を消費税増税の据え置きに絡めた「経済政策」だと位置付ける選挙戦術に出た。公示を控えた一一月二八、二九日に実施された共同通信社の世論調査では、衆院選の投票で最も重視する課題に

「安全保障や外交」を挙げた人は三・三%にとどまった。[*33] 一二月一四日に投開票された衆院選は、安全保障政策の争点化を回避した安倍政権の狙い通り自民党が大勝した。

しかし、これに対して沖縄では、知事選に勝利した翁長陣営が「党派を超えて翁長新知事を国政から支えよう」と、自公候補に対抗する受け皿づくりに奔走した。三人が立候補した一区を除く三選挙区で、翁長知事を支える候補と自公候補の一騎打ちの構図となった。結局、翁長を支え、辺野古新基地建設反対を強く訴えた候補が、県内四選挙区すべてで勝利する「完全勝利」を収めた。しかしながら一方で、辺野古移設の容認・推進を掲げて小選挙区で敗れた自民公認の四候補は、全員が比例九州ブロックで復活当選を果たすという奇妙な結果となった。沖縄を例外とする日本全国での自民党の大勝が、これら候補の比例での復活を下支えする形となったのである。

二〇一四年に沖縄で実施された、名護市長選(一月)、名護市議選(九月)、知事選(一一月)、県議補選(名護市区、知事選と同日投開票)、さらに一二月の衆院選小選挙区の一連の選挙で、いずれも「辺野古移設反対派」が完勝したことで、沖縄の民意は明確に示されたといえよう。

しかし、沖縄防衛局は二〇一五年三月一二日、悪天候や知事選、衆院選などで中断していた名護市辺野古での海上作業に踏み切り、二〇一四年九月以来となる海底ボーリング調査を再開する。これに対して、「あらゆる手段を尽くす」と述べて移設阻止を掲げる翁長知事は三月二三日、キャンプ・シュワブ沖の臨時制限区域内で沖縄防衛局が県の岩礁破砕許可に違反してサンゴ礁を破壊した可能性があるとして、県漁業調整規則に基づき沖縄防衛局に海底面を変更するすべての作業停止を指示した。

これに対し、沖縄防衛局は翌二四日に翁長知事の指示を違法として無効を求める審査請求書と執行停止申立書を農林水産相に提出。三月三〇日には、林芳正農水相が「すべての移設工事が中止されれば基地移設が大幅に遅れ、日米間の外交・防衛上の回復困難で重大な損害が生じる」ことなどを理由に翁長知事による停止指示の効力を一時的に止めることを決定し、知事の指示を無効化した。

安倍政権は翁長の知事就任後、沖縄担当相を除く閣僚が対応を避けるなど、翁長知事に対する「冷遇」を徹底してきたが、あからさまな姿勢に対する批判も高まったことから二〇一五年四月に方針転換を図る。

四月末の安倍首相の訪米や、六月二三日の沖縄の「慰霊の日」をにらんで、沖縄との関係改善の機運を探る官邸の意向が作用したものと見られたが、沖縄県側からは「首相訪米を前にしたアリバイづくり」との批判も上がった。*34

知事就任から四カ月後の四月五日、菅官房長官との初会談に臨んだ翁長は、辺野古移設作業を「粛々と進める」と繰り返す菅に対し、「問答無用という姿勢が感じられて、キャラウェイ高等弁務官の姿が重なるような感じがする」とその姿勢を批判した。*35 高等弁務官とは米統治下にあった復帰前の沖縄における最高責任者だが、いずれも米軍司令官の兼任である。その中で一九六一から六四年に在任したポール・キャラウェイは、沖縄の「自治権は神話であり、従って存在しない」と述べるなど（一九六三年三月）、沖縄では「キャラウェイ旋風」と呼ばれた高圧的な存在として記憶されている。*36

二〇一五年七月一六日、翁長県政が設置した第三者委員会が、仲井真前知事が行った埋め立て承認手続きに「法的瑕疵（かし）」があったとする報告書をまとめ、翁長知事に提出した。仲井真前知事の埋め立て承認をめぐっては、二〇一三年一一月に「不明な点があり、懸念が払拭（ふっしょく）できない」（沖縄県環境生活部）としていた県の見解が、仲井真が承認に踏み切る一二月に突然、「現段階で取り得ると考えられる環境保全措置が講じられており適合」（沖縄県土木建築部）と一変したことから、その正当性を問う声が出ていた。

第三者委員会はこの点を踏まえ、公有水面埋立法の審査基準に照らして、辺野古埋め立ての必要性に「合理的な疑いがある」「生態系の評価が不十分」「生物多様性に関する国や県の計画に違反している可能性が高い」などと判断した。こうして翁長知事が「埋め立て承認取り消し」に踏み切る秒読み段階に入ったと見られた矢先、政府の呼びかけで国と沖縄県が一カ月間の集中協議に入る。

計五回にわたる政府との協議で、翁長が最も強調したのは「魂の飢餓感」という、沖縄と日本本土の関係をめぐる沖縄県民の心情を表す言葉であった。翁長は菅官房長官との八月一一日の会談で、「県民の気持ちには魂の飢餓感があり、それに理解がなければ個別の問題は難しい」と語ったことを記者団に明らかにした。

八月二九日の四回目の協議で、翁長が県内の米軍基地が沖縄戦や戦後の混乱期に強制接収されたことを指摘し、改めて「県民の魂の飢餓をどう思うか」と提起したのに対し、菅は「一九九六年の日米の普天間返還合意が『原点だ』」と従来の主張を繰り返した。*37 この点について翁長は、「沖縄から言わせると、さらなる原点があります。それは、普天間基地は米軍に強制接収されて出来た基地であることです。あらためて確認をすると、沖縄は今日まで自ら基地を提供したことは一度としてありません[*38]」と強調する。

また翁長は、一連の会談で最も強く求めたのは、沖縄が歩んできた苦難の歴史に対する理解であったという。「沖縄は戦後七〇年間、米軍基地を預かって日米安保体制を支え、サンフランシスコ講和条約では日本から切り離されてアメリカ施政下に置かれました。沖縄からすれば、それでも懸命に日本を支え、尽くしてきたという自負もあれば無念さもあります[*39]」と言う。それが翁長の言う「魂の飢餓感」の背景であろう。

九月七日の最終協議には安倍も同席した。安倍はこの前日の民放番組で「辺野古以外はない」と発言していた。菅は協議で「工事再開」に言及し、協議終了後には「普天間の危険除去の認識は一緒だが、方法論の隔たりが埋まらなかった[*40]」と総括した。

そもそもこのタイミングで政府が沖縄県に集中協議を提案したのは、安倍政権が最優先する安全保障関連法案の七月一六日の衆議院可決に至る審議をめぐって支持率が急落していたことが背景にあった。国論を二分する同法案をめぐっては参議院における審議でも、政権が世論の激しい批判にさらされる局面が予想される中、沖縄との間でも、辺野古埋め立てをめぐって全面対立する構図は避けたい、との政府の意向が働くのは当然でもあった。安倍のテレビ出演の際の発言にもみられるように、政権側には沖縄県との集中協議の結果、辺野古新基地建設を見直すという選択肢はもともとなかったのは明らかであろう。

沖縄県と集中協議を行うことは八月四日に菅が発表したが、そこでは、辺野古での新基地建設関連の一切の作業を停止する一方で、翁長も辺野古埋め立て承認取り消しをめぐる判断を留保することが同意されていた。このため集中協議に応じた翁長は、協議の間、「承認取り消し」を棚上げすることになり、政府と沖縄の全面対決が表面化する事態はひとまず避けられた。

だが結局、九月七日までの計五回にわたる政府と沖縄県の集中協議は、論点がかみ合わないまま決裂したことで、辺野古埋め立ての承認取り消しをめぐる沖縄県と国の法廷闘争は避けられない様相となった。

泥沼の訴訟合戦

一〇月一三日、翁長知事は埋め立て承認の取り消しを沖縄防衛局に通知した。これに対し、石井啓一国土交通相は「普天間基地の移設事業の継続が不可能となり、周辺住民が被る危険性が継続する」「日米同盟に悪影響を及ぼす可能性がある」などとして一〇月二七日に知事の取り消し処分の効力停止を発表した。また政府は同日の閣議で、地方自治法に基づいて国が知事に代わって取り消しを是正する代執行の手続き開始も表明した。二日後の二九日、沖縄防衛局は「埋め立て本体工事に着手した」と発表した。実際にはキャンプ・シュワブ内の陸域での作業ヤード（資材置き場）の整備だったが、工事の進捗をアピールすることで既成事実化を図ろうとする政府側の意図もうかがえた。翁長知事は「強権極まれりだ[*41]」と怒りをあらわにした。

一方で政府は、一〇月二九日、普天間基地所属のオスプレイを使用した在沖海兵隊による訓練の拠点を佐賀空港（佐賀市）に移転する計画を取り下げるとともに、代わって陸上自衛隊のオスプレイを配備する計画に対する協力を佐賀県に求める方針を打ち出した。政府は、在沖海兵隊による佐賀での訓練拠点化を取り下げた理由について「地元の反対」を挙げたことから、沖縄では「二重基準だ」との批判が上がった。翁長知事は「沖縄の負担軽減のために訓練移転と言いながら、(本土で反対に遭うと)沖縄に戻ってくる」[42]「他の都道府県では知事や市町村長が反対を訴えただけで引き下がる。沖縄との違いは何か」[43]と訴えた。

佐賀空港を米海兵隊のオスプレイの訓練拠点とする案は、仲井真前知事が辺野古埋め立て承認に踏み切る際、安倍首相に対して「普天間の五年以内の運用停止とオスプレイ一二機の訓練拠点を県外へ移す」ことを要望したことに端を発するものだった。防衛省のチームが検討し、暫定的に佐賀空港で受け入れるよう佐賀県に打診していたが、結果的に一年余で「地元の理解が進まない」として断念するに至った。もう一方の「普天間の五年以内の運用停止」について、安倍首相は二〇一九年二月までの普天間運用停止を目指すと表明していたが、アメリカ政府は「空想のような見通しだ」とまったく取り合わない姿勢を示していた。[44]そして安倍は「五年以内の運用停止」をどのように実現するかには一切言及せず、辺野古移設が「唯一の選択肢」と繰り返すばかりであった。

一一月二日、沖縄県は、石井国土交通相が翁長知事による埋め立て承認取り消しの効力を停止した決定に対して不服があるとして、総務省の第三者機関「国地方係争処理委員会」に審査を申し出た。翁長知事が石井国土交通相からの是正勧告と指示を拒否したことを受け、一一月一七日、石井国土交通相は翁長知事の埋め立て承認取り消しについて、知事に代わって撤回する「代執行」に向けた訴訟（代執行訴訟）を福岡高裁那覇支部におこし、国と沖縄県は法廷闘争に入った。国が沖縄県知事を提訴するのは、一九九五年に県内の米軍用地強制使用の代理署名をめぐり、当時の村山富市首相が大田昌秀知事を提訴して以来二〇年ぶりのことであった。沖縄の過重な基地負担をめぐって沖縄県と国が法廷で争うことになった二〇年前と二重写しの構図になった。

辺野古埋め立て承認の取り消しは違法だとして、国が翁長知事に取り消しの撤回を求める代執行訴訟の第一回口頭弁論が一二月二日、福岡高裁那覇支部で開かれた。被告として出廷して意見陳述した翁長知事は、戦後、強制的に土地が奪われて米軍基地が建設された経緯を説明した上で、「問われているのは、埋め立ての承認取り消しの是非だけではない」「日本に地方自治や民主主義は存在するのか。沖縄県にのみ負担を強いる日米安保体制は正常と言えるのか。国民の皆様すべてに問いかけたい」と訴えた。一方、原告の国は法務省の定塚誠訟務局長が立ち、「澄み切った法律論を議論すべきで、沖縄の基地のありようを議論すべきではない」などと主張した。

政府はキャンプ・シュワブゲート前などにおける抗議行動への対応を強化するため、それまでの沖縄県警に加え、警視庁の機動隊を一〇〇人規模で沖縄に派遣し、二〇一五年一一月四日から現場への投入を開始した。抗議行動の激化、長期化を見据えた対応である。こうした動きに対し、キャンプ・シュワブゲート前で抗議行動をつづける沖縄平和運動センターの山城博治（やましろひろじ）議長は「警視庁の機動隊が投入されてから強制排除の姿勢が顕著。東京と沖縄の全面対決になり、問題は基地建設だけにとどまらなくなる」と懸念を表明している。[*45]

和解、そして不透明な展望

一方、沖縄県は一二月二五日、翁長知事に対して石井啓一国土交通相が下した埋め立て承認取り消しの執行停止は違法だとして、国に決定の取り消しを求める抗告訴訟を那覇地裁におこした。さらに二〇一六年二月一日には、沖縄県の審査申し出を却下した国地方係争処理委員会の決定を不服として、沖縄県が国を福岡高裁那覇支部に提訴した。これにより、国と沖縄県は辺野古新基地建設をめぐって三つの訴訟合戦を繰り広げる異例の事態に発展した。

このうち、二〇一五年一一月に国が提訴した代執行訴訟で福岡高裁那覇支部は、「工事の停止」を盛り込んだ暫定案と、代替施設建設を認めた上で三〇年以内に返還か軍民共用化を米軍と調整するよう求める根本案の二つの和解案を提示した。そして暫定案については、県が前向きに検討する意向を示した。安倍首相は二〇一六年三月四日、暫定案を受け入れると発表し、国と沖縄県の和解が成立することになった。

和解条項には、国による辺野古での埋め立て工事の中断のほか、国と沖縄県の間で行われている全ての訴訟や審査請求を取り下げることが盛り込まれた。その上で、翁長知事による埋め立て承認の取り消しの是正を指示するよう国に求め、沖縄県側がこれを不服とする場合、国の是正指示を取り消す裁判をおこし、この裁判の結果に国、県の双方が従う、との内容である。この裁判の判決確定までに国と県は円満解決に向け協議することも盛り込まれている。

代執行訴訟を提起した当初、政府側は「一〇〇％負けない」（官邸筋）と強気だった。

政府側の認識を変えさせたのは、一月二九日に裁判所が和解案を提示した際、裁判長が「今後も裁判で争うなら、延々と法廷闘争が続く可能性があり、（国が）勝ち続ける保証はない」と政府側に通告したことによる。一九九九年の地方自治法改正により、国と地方自治体の関係は「対等・協力」と再定義されており、国の強権的な代執行手続きは同法の趣旨にそぐわない、と沖縄県は裁判を通じて主張していた。敗訴のリスクを懸念した政府側は、法務省の意見を聴いた上で和解に応じる検討に着手し、二月一八日に都内で安慶田光男（あげだみつお）副知事と菅長官が極秘で会談するなど和解に向けた協議が水面下で進んでいた[*46]。

しかし、安倍首相は和解受け入れを表明した際、「普天間飛行場の全面返還のためには辺野古への移設が唯一の選択肢であるとの国の考え方に何ら変わりはない」と強調しており、和解は国の「譲歩」を意味するものではなかった。

そして和解から三日後の三月七日、国は沖縄県が辺野古埋め立て承認を取り消したのは違法だとして、この処分を撤回するよう指示する文書を翁長知事に郵送した。和解条項に盛り込まれた円満解決に向けた具体的な協議に入る前に、国が是正を指示したことに翁長知事は「大変残念だ」と反発した。結果的には再び法廷闘争に持ち込まれるのは確実な見通しだが、判決確定までの半年から一年間は辺野古での工事は中断される。沖縄県としては「工事の中断」という実を得た形だといえよう。一方の政府側には「急がば回れだ」(政府関係者)との声も聞かれる通り、裁判所が示した和解の手順を踏み、あらためて一本化された裁判に臨めば、訴訟合戦の混乱を回避しつつ、確実に勝訴判決が得られる、との判断があるのだろう。

だが、沖縄側の協力を得られなければ、いずれ工事が行き詰まる可能性も高い。沖縄防衛局が辺野古新基地建設を進めるに当たって、沖縄県知事や名護市長の許可や承認、協議が必要な事項は今後少なくとも一〇件以上あると見込まれている。[*47] このうち、辺野古海域での作業を続けるのに必要な岩礁破砕許可の期限は二〇一七年三月までとなっており、[*48] 仮に仕切り直しの裁判で国が勝訴したとしても、工事を進めるには県への許可延長申請を避けて通ることはできず、翁長知事の協力が不可欠であろう。

「円満解決」に至る道筋は、現状の政府の姿勢では描くことができないのである。

終章

「歪められた二〇年」

宜野湾市の市街地に位置する米軍普天間基地。20年前に返還合意がなされながら、今なお日米間の懸案であり続けている（写真提供：共同通信社）

「そもそも間違いだった」

「そもそも県内に新たな基地をつくろうとしたのが間違いだった……沖縄の基地問題は時限爆弾のようなものだ」。アメリカを代表する日本専門家として知られ、日本政界の中枢に太いパイプを持つコロンビア大学教授のジェラルド・カーティスは、二〇一五年一二月、退官に際して普天間返還問題についてこう述べた。[*1]

長年にわたる沖縄の過重な基地の負担を軽減するために、最も危険な普天間基地を返還する。その「決断」がなぜ、辺野古への新基地建設強行へと転じてしまったのか。「そもそも県内に新たな基地をつくろうとしたのが間違いだった」というカーティスの発言は、この「歪められた二〇年」の「歪み」の本質を突いている。

劇的に演出された一九九六年四月の普天間返還発表時には、「代替施設」は既存の基地内のヘリポートとされ、それと岩国や米本土への分散を組み合わせることによって機能を維持し、普天間の「返還」を可能にするとされていた。しかしヘリポートは時をおかずして本格的な滑走路を持つ巨大施設へと膨れ上がり、突如浮上した「海上施設案」を経て、辺野古沿岸部を大規模に埋め立てる「現行案」に行き着いた。「普天間返還」は、沖縄県内に大規模かつ新たな機能を加えた「新基地」を建設するプロジェクトに変質したのである。

地元業者が利益の得られる埋め立てを求めるなど、沖縄の「利権体質」が本来の構想を歪めたとの指摘もある。しかし地元業者にそこまでの力があるだろうか。本来の「返還」を外れて「新基地建設」に膨張した主要因は、我が物顔で過ごせる居心地のよい沖縄に、日本側の負担で新しく高機能な「新基地」を欲した米海兵隊や、海兵隊との同居を嫌う米空軍の組織利益にあると見るのが妥当であろう。それに異議を唱えることなく「国策」として遂行しようとする日本政府に対し、「もらえるものはもらいますよ」とばかりに便乗したのが、利権を求める一部の業界関係者であったという図式である。

第二次安倍政権の方針は、沖縄にいかに強い抵抗と異議申し立てがあったとしても、それを無視し、あらゆる手段を動員してでも返還合意当初とはおよそ異なるこの「新基地建設」を強行するものとなっている。同政権は「二〇年前の返還合意が原点だ」と繰り返すが、果たしてこの変質を説明できるのだろうか。基地にまつわる沖縄の長年の苦しみを何とか軽減しようとした二〇年前の「原点」とは、まったく逆を向いているかのようである。

手練手管と過剰な「政治化」

ここに至る「歪められた二〇年」を俯瞰してみたとき、歴代政権の対応は、自民党政権による手練手管を尽くした問題の糊塗と、それとは対極の民主党・鳩山首相による過剰な政治問題化によって特徴付けられる。「二〇年」の発端となる橋本首相は、大田知事の代理署名拒否によって日米安保体制の「不法占拠化」に直面する中、「代替移設」を曖昧にしたままの普天間返還という賭けに出た。橋本は、「県内移設」に焦点があたれば普天間の「返還」が直ちに虚構と化す問題の難しさを十分に認識していたのであろう。九六年四月の普天間返還合意発表や、海上施設案などを大田に告げる際、自ら前触れなしに電話し、「受けていただけますか」「喜んでいただけますか」と、「サプライズ」の勢いで何とか大田の協力を取り付けようと試みた。

大田が最終的に辺野古移設への反対を明確にすると、政府・自民党は財界出身の稲嶺恵一を擁立して大田を追い落とすことに成功する。だがその際に稲嶺は、「代替移設」について辺野古沖案を容認したものの、それが「一五年期限付き」「軍民共用」という「条件」を掲げたものであったことを忘れてはならない。一五年が経てば「民間空港」という県民にとっての資産だけが残るという「利点」を強調することによって、稲嶺は「新基地建設」「基地転がし」という批判を乗り越えようとしたのである。

しかし政府・自民党は普天間基地に隣接する沖縄国際大学への米軍ヘリ墜落事故を逆手にとる形で二〇〇六年四月、従来の「海上埋め立て案」を、辺野古沿岸を埋め立てる「V字形案」に切り替え、それに併せて「一五年期限付き」「軍民共用」という従来の「条件」を稲嶺県政の頭越しに一方的に破棄した。

一方、政権交代を果たした鳩山由紀夫首相の下では、結果として普天間問題が過剰に「政治化」されることになった。普天間代替施設をめぐる「最低でも県外」は、同時に鳩山が唱えた「対等な日米関係」「有事駐留論」、そして「東アジア共同体」などとセットになることによって、アメリカ政府の一部に警戒感と不信感を抱かせることになった。

鳩山は外務・防衛官僚のサボタージュや、それを後押しした一部メディアによって「最低でも県外」が阻まれたと回顧するが、岡田外相はじめ政権幹部が結束を欠いたこと、問題解決の期限を首相自らが設定して進退きわまったことなど、「政治による統制」を可能にするだけの足腰や手法を持ち合わせていなかったことに最大の問題があった。本格的な対米交渉の前に自滅したというのが実相であろう。

タガが外れた「アメとムチ」

稲嶺の後、保守陣営から県知事に当選した仲井真弘多は、初当選の二〇〇六年の選挙では、騒音被害を軽減するため「可能な限りの沖合移動」を条件に挙げたものの、二〇一〇年の知事選では、「県外移設」でなくては勝てないと見て、「米軍基地はもう、ゴメンです！」「普天間基地は県外移設へ！」など、明確に「県外移設」を掲げて再選を果たした。

ところが仲井真は第二次安倍政権が発足すると、二〇一三年末に足や腰の痛みと称して東京で入院し、その最中に病院を抜け出して菅義偉官房長官と密会する。安倍首相との会談も経た仲井真は、「有史以来の予算」「良い正月になるなあ」などと安倍政権の対応を絶賛し、振興予算と引き換えに辺野古の埋め立て承認へと身を翻す。菅長官などにとっては手練手管を尽くした会心の策だったのであろうが、一方で「おカネと引き換えに公約をあっさり反故にされた沖縄県民のくやしさと憤り、情けなさと恥ずかしさ[*2]」が「沖縄はカネの奴隷にはならない[*3]」という広範な反応を引き起こし、「オール沖縄」を唱えた翁長知事の誕生に繋がった。

その後も、二〇一四年一月に行われた名護市長選挙で自民党の石破幹事長が表明した五〇〇億円規模の「名護振興基金」(自民党が推す候補が敗れると撤回)、菅長官が国としての後押しを表明した本島北部へのユニバーサル・スタジオ・ジャパン(のちに撤回の可能性を表明と報道)や宜野湾市へのディズニーリゾート進出など、安倍政権による「打ち上げ花火」は、ますます頻繁かつ耳目を引くものとなっている。

しかしその一方で、仲井真知事が埋め立て承認に踏み切った際、安倍首相が努力すると明言した「普天間の五年以内の運用停止」について、中谷防衛相は今や「仲井真前知事との間で運用停止の厳密な定義は合意していない……相手(米軍)のあることだが、できることはすべて行うという考えだ[*4]」と言う。「五年以内の運用停止」は一時しのぎの弥縫策(びほうさく)であったと言われても否定できまい。

このような「空手形」を交えた「打ち上げ花火」と、法廷闘争も辞さない新基地建設推進という第二次安倍政権下での沖縄政策のコントラストは、もはや「アメとムチ」の域を超え、タガが外れたものと化しているように見える。果たしてその先に、何があるのだろうか。

「日米安保に禍根を残す」

沖縄が「島ぐるみ闘争」に揺れた一九五〇年代後半、ときのアイゼンハワー米大統領は、沖縄情勢を憂慮し、次のような見解を示した。「われわれは、沖縄の人々が明確に寛大だと受けとめるような提案を検討しなくてはならない。それによって、少なくとも数年間は、(沖縄での)トラブルを回避できるような効果を持つような提案をだ」「われわれは沖縄の人々を潜在的な敵ではなく、強固な味方にできるはずだ」[*5]。このとき検討されたのは、沖縄の基地を集約し、不要になった区域の施政権を日本に返還するという案であった。しかし沖縄の基地があまりに広大なため、集約は不可能だとして断念された。

それから沖縄返還(一九七二年)を挟んで四〇年近くを経た一九九六年、橋本首相とモンデール駐日米大使によって普天間返還が発表されるが、その際、与党幹部の一人は、

「返還が実現すれば沖縄の平穏が十年は保たれる」と口にした。[*6] 同様の発想があったからこそ、アメリカ側も普天間返還に応じたのであろう。

一九五〇年代後半と一九九六年、いずれも考え方は同じである。すなわち、沖縄の人々にとって、明らかに寛大で大きな譲歩だと見えるような措置をとることによって、沖縄の人々の心を引きつけ、情勢を安定化させるという「政治判断」である。そこには部分的な譲歩によって、残る米軍基地を安定的に使用するという冷徹な計算があったことも確かであろう。

これに対して二〇一〇年代半ばの今日、法廷闘争も辞さずに「新基地建設」を強行するという安倍政権の手法は対照的である。仮にこのまま強権的な手法によって、沖縄側の抵抗を押し切って「新基地」が建設されたとしても、そこで蓄積される沖縄の屈辱感は澱(おり)のように沈殿し、いずれ何らかの事件・事故をきっかけに、米軍が最重要視する嘉手納基地を含めた沖縄の米軍基地全般に対する反感と敵意として暴発するリスクとなりかねない。まさに二〇年前にそのような「危機」がおきたことは、すでに忘れ去られたのであろうか。

本章冒頭で触れたカーティス教授の「沖縄の基地問題は時限爆弾のようなものだ」とい

う指摘は、そのリスクを指している。菅官房長官は「普天間の危険除去」を繰り返し口にするが、二〇年前の「危機」の発端は墜落事故ではなく、一つの暴行事件であり、事件が想起させたそれまでの屈辱と理不尽さへの憤りであった。軍用地としての契約を拒否する地主の一人は、「沖縄の実態をわからせるために、少女を犠牲にしてしまった」と、沈痛な言葉を漏らす[*7]。沖縄の尊厳を一顧だにしないかのような二〇一六年時点の手法は、将来に向けて潜在的なリスクを自ら増大させているようなものである。

翁長知事が「自由民主党出身の私は日米安保体制の重要性を十二分に理解しています。しかし、『辺野古新基地が唯一の解決策』という考え方に日米両政府が固執をすると、今後の日米安保体制に大きな禍根を残すのではないかと私は心配しています[*8]」と言うのは、まさにこのリスクについてであろう。

仮に今の沖縄にそのような兆候がなく、政権側が振興策という名の「打ち上げ花火」の連射によって沈静化できると楽観視しても、以下のような稲嶺元知事の言葉が将来のリスクを暗示するかのようである。「沖縄は事件の点と点が線となって五六年間に蓄積されて大きな歴史のマグマを抱えている。穴をもう一つあけると何が飛び出してくるかわからない」[9]（二〇〇一年の発言）。力による一方的な押し付けは、結局は中長期的な安定性を欠き、いずれ問題をより深刻な形で再燃させることになるというのが、歴史から見たときの政治というものの常なのである。

普天間返還の「条件」

この二〇年を振り返ってみれば、「辺野古新基地」なしの普天間問題解決が、むしろ日米安保体制を中長期的に安定させるという翁長知事が示唆するような観点は、日本政府首脳にはきわめて希薄であった。

橋本首相は「代替施設」を「撤去可能」なものとすることで、「基地転がし」という性格を払拭しようと試みたが、その一方で、連立与党の社民党や大田知事が「県外移設」に絡めて求めた海兵隊の兵力構成をめぐる対米協議には及び腰であった。橋本はタカ派的なイメージをもたれがちであったが、実際には安保政策の拡充に慎重な竹下派に属し、「日本は安全保障という点で、私はこれからも出すぎる能力を持つ国ではないと思いますし、また持てないだろうと思います」[10]という観点の持ち主であった。在日米軍の兵力構成をめぐる対米協議について、橋本政権の官房長官であった梶山静六は「私たちは自ら完全に自衛しているわけではなく、いざやられたら米軍が守ってくれることになっている。それを考えると、今すぐどうこうと、具体論として掲げるわけにいかない」[*11]と語ったが、橋本にも通じるものであろう。

そのような中で、鳩山政権発足に伴って岡田外相が「嘉手納統合案」を提起すると、これを警戒して知らせた嘉手納町長に対し、嘉手納基地司令官が「日本政府は米軍に手を突っ込んでくる気か？」と冷笑するような雰囲気が醸成されたのである。[*12]「対等な日米関係」や「有事駐留論」を提起した鳩山首相に、このような状況に対する疑問や反発があったのは間違いあるまい。だがそれは結果として普天間問題の過剰な「政治化」をもたらし、同問題の解決が日米安保の安定をもたらすという発想とは逆方向のものとなった。

こうしてみれば現在の安倍首相は、普天間問題を抜本的に解決する上でむしろ格好の位置を占めていると見える。アメリカ側が当初から普天間返還の条件として求めてきたのは、安全保障面における対米協力の強化であった。返還は実現しない一方で、ガイドライン関連法案の成立など、「条件」の方は着実に実現してきたのがこの二〇年であった。二〇一五年秋の安保法制は、その是非はここでは脇に置くとして、その集大成というべきものであった。必要であれば全世界を対象に、米軍に対する支援を行う可能性があるというのだから、もはや橋本や梶山が抱いたような「引け目」を感じる必要はなかろう。

「抑止力」の虚実

しかし実際の安倍政権からそのような「本筋」であるべき発想が一向に見えないのは、尖閣諸島を最前線とする「中国の脅威」が念頭にあるからであろう。だが、世に流布するイメージとは異なり、沖縄の海兵隊は尖閣防衛に関与する存在ではない。そもそも在沖海兵隊の主力はグアムなどに移駐することがすでに決まっており、沖縄に残るのは司令部と第三一海兵遠征隊（ＭＥＵ）の約二〇〇〇人で、主な即応任務は有事の際のアメリカ人救出である。これが日本の抑止力に不可欠だというほど、二二万人を超える自衛隊は無力なのであろうか。

二〇一五年に改定された「日米防衛協力のための指針（ガイドライン）」では、尖閣などの島嶼（とうしょ）について万が一の際の奪回作戦を行うのは自衛隊だとされており、米軍の役割は支援や補完に過ぎない。またオバマ政権は日本側の求めに応じて、尖閣が日米安保条約の適用範囲であることを明言はするものの、領有権問題については関知しないという立場を崩さない。日中の紛争に巻き込まれることを警戒しているのである。アメリカは二〇一五年秋に、南シナ海で中国が埋め立てた人工島近海に対して、領海の設定を認めないとして米海軍艦船を航行させる「航行の自由」作戦を行ったが、その直後には米中軍事交流を実施するなど、信頼醸成の維持・構築にも注力する施策を展開している。

翻って日中間ではそれまでも尖閣をめぐって摩擦が頻発していたが、重大問題化した最大のきっかけは、野田佳彦政権下での国有化に対する中国の反発であった。そして、そもそも野田政権が国有化に踏み切ったのは、国政復帰と新党結成に向けて注目を集めることを企図した石原慎太郎東京都知事による尖閣購入計画を阻止するためであった。野田首相は、「(尖閣をめぐって)中国と戦争になってもやむを得ない」という石原知事の発言に強い危機感を覚えて国有化に踏み切った[*13]というが、その後の事態が結果的に石原の思い描いた方向に進んでいるとすれば皮肉ということでは済まされない。

野田政権による国有化の是非は脇に置くとして、結果としてそれが中国につけいる隙を与えたことは否定できない。国有化に際してアメリカ政府が日本側に、中国と事前に協議するよう強く求めていたことも明らかになっている。[*14] 尖閣をめぐる抑止力強化に向けてアメリカの関与を取り付けることはもちろん重要だが、こうしてみると「本丸」であるべき日本の政治と外交の努力があまりに希薄だと言わざるを得ないだろう。

沖縄の海兵隊はアメリカが日本、そしてアジア太平洋に関与する「意思の象徴」として重要なのだという議論もある。しかしそれは二〇年前の「危機」が証明するように、このままでは一つの事件・事故で即座に日米同盟を足元から揺るがすリスクに転化しかねない。そのような「綱渡り」、あるいは「時限爆弾」が本当に日米同盟の安定に資するのであろうか。

さらに戦略環境に目を向ければ、ハーバード大のジョセフ・ナイ教授は、「中国の弾道ミサイル能力向上に伴い、固定化された基地の脆弱性を考える必要が出てきた」として、沖縄の米軍基地を分散させる必要を指摘する。[*15] 第一章で触れたように、ナイは一九九五年に国防次官補として「米軍一〇万人体制」を明記した「ナイ・レポート」を打ち出し、これに危機感を抱いた大田知事が代理署名拒否の決意を固めることになっただけに、この二〇年の在沖米軍基地を取り巻く変化の大きさを物語る。

日本政治の「試金石」

二〇一五年秋に「本体着工」が開始されたと発表された「辺野古新基地」だが、仮にこれから埋め立て工事が本格的に進められるとすれば、珊瑚礁（さんごしょう）が彩り、美しさで世界有数と称えられる沖縄の海を、強い抗議の声を押し切って埋め立て、巨大軍事基地を建設するというニュース映像が、日本のみならず世界に向けて繰り返し発信されることは不可避である。

中国が南シナ海で進めた埋め立てに対しては、「人類史上で最も速いペースでのサンゴ礁域の永久的喪失」だといった環境面からの国際的批判も浴びせられたが、[*16]同様の眼差しが日本にも向けられかねない。端から見ればどちらも同様に、大々的に海を埋め立てる軍事基地の建設なのである。いくら二〇二〇年の東京オリンピックに向けて自然との調和や「環境先進国」を掲げても、それらを無力化し、国際社会における日本の「国柄」を大きく傷つけかねない事態である。

二〇一四年の県知事選挙で翁長候補を支持した、かりゆしグループの平良朝敬ＣＥＯは、「沖縄と北海道の距離が約三〇〇〇キロで、この間に約一億人が住んでいる。同じ距離を南のほうにぐるりと回して円を描くと、この圏内で生活している人は約二〇億人です。沖縄にとって、北と南とはどちらがマーケットとして魅力的でしょうか」とアジアの将来性を展望し、「観光は平和産業です。平和なくして成り立たない」という。*17

実のところこれは、沖縄の観光業のみならず日本全体について言えることである。二〇〇四年に日中貿易の総額が日米貿易を上回って以来、日中貿易は中国経済の急成長に伴って急伸し続け、日本にも大きな恩恵をもたらした。世界を見渡しても、アジアが世界的な「経済成長センター」の筆頭である状態は続くであろう。日本経済の再生とさらなる成長は、アジアの活力をいかに取り込むかが鍵である。しかしその一方で外交・安全保障面においては、中国の一方的と見える対外膨張策が、地域に緊張を与えていることも紛れもない事実である。

この状況を換言すれば、今日のアジアには日本や中国を含めてますます一体化を強める

「経済のアジア」と、日米同盟などアメリカを中心とする同盟網と、これに含まれない中国との間で潜在的緊張を抱える「安全保障のアジア」という「二つのアジア」が併存している。安全保障上の危機が激化し、「経済のアジア」の果実が失われることは、誰の得にもならない。この「二つのアジア」の間の緊張をあくまで潜在的なものにとどめるため、地域秩序の「管理」を注意深く進めることが、二一世紀中葉に向けたアジア秩序の要諦である。

「力には力」でとばかりに、「抑止力」の強化に傾きがちな昨今の日本だが、それだけでは経済規模で日本の二倍以上となった中国を相手に、古典的な軍拡競争に陥るだけである。アメリカとて、そのような日中対立に巻き込まれることは決して望まないであろう。日米同盟の拡充をはじめ「備え」の強化は着実に進めつつも、知恵ある政治と外交によって地域秩序の安定を主導し、アジア経済成長の恩恵を存分に享受すること以外に日本の前途はない。

アジアから急増する観光客と、日中関係緊張の最前線としての尖閣の双方を抱える沖縄は、この「二つのアジア」をともに映し出す鏡である。日米同盟の長期的安定のためにも

「辺野古新基地なき普天間問題の解決」を実現し、その一方で中国との緊張緩和に努めつつ観光客をはじめとするアジアの経済的果実を享受する。そのような沖縄の願望は、上記で述べた二一世紀の日本が向き合う課題の縮図であり、それが実現できるか否かは日本の前途を占う「試金石」である。

本書を通じて明らかになったように、普天間・辺野古問題には二一世紀の日本にとって、「抑止力」の虚実や政治による外交の統制、中国を筆頭とするアジアとの向き合い方、中央と地方との関係、そして何よりも民主主義とはいかなるものであるべきかといった重要問題が凝縮されている。振り返ってみれば戦後日本は、冷戦という固定的な国際環境の中で高度成長にいそしんだ。自前の外交・安全保障政策を研ぎ澄ます必要は薄く、右肩上がりの経済成長が大抵の国内問題を解決した。今世紀の日本はもはやそうではない。流動化する国際情勢に目を配りつつ、錯綜(さくそう)する国内の諸課題をさばくには、従来以上の能力が「政治」に求められる。

後世、「なぜあのような愚策を」と指弾されることが避けがたい辺野古での「現行案」に対するあまりに近視眼的な執着から離れ、「辺野古新基地なき普天間問題の解決」を実現できるか否か。それは日本が二一世紀中葉に向けて、前途を切り開くに足るだけの「政治」を持つことができるか否か、その「試金石」なのである。

おわりに

宮城大蔵

二〇〇一年一二月から翌年一月にかけて、後に『橋本龍太郎外交回顧録』として刊行されることになるインタビューのため、アシスタントとして数度にわたって東京・麴町の橋本龍太郎事務所に足を運ぶ機会があった。事務所の一番目立つ壁に掲げられていたのは、沈没した対馬丸が一九九七年に発見されたことを受け、天皇が詠まれた和歌であった。

「疎開児の　命いだきて　沈みたる　船深海に　見出だされけり」

対馬丸は戦時中に沖縄から九州へ向かっていた学童疎開船であり、その途上で米潜水艦によって撃沈され、学童など一五〇〇人近くが犠牲になり、救助されたのは一八〇名に満たなかったとされる。当時沖縄近海にはすでに米潜水艦が跳梁していた。多くの親が尻込みする中、逼迫する県内食糧事情を調整する必要もあって、疎開は半ば強制的に行われたともいう。対馬丸が撃沈された際、護衛の軍艦を含めた同行の船団は、被害拡大を恐れ、そのまま現場を離脱した。天皇皇后は同世代であった学童らが遭遇した悲劇と、それが全国的には必ずしも知られていないことに心を痛めてこられたという。[*1] 橋本氏が壁に掲げられた天皇の和歌を説明する姿に、その沖縄問題に対する熱意の源泉を垣間見る思いであった。

実は私の父は対馬丸と船団を組んでいた僚船に、疎開する学童の一員として乗っていた。紙一重の運命と、自分がこうして存在していることの偶然と不可思議さを思い、そのことを口にしようかと思ったが、あまりに私的なことと思い、そのまま事務所を後にした。橋本氏は事務所への来客に対し、「沖縄からわざわざ来て、この御製を見ても、何も聞いてくれない人がいるんだよ」と嘆息していたという。[*2] もしあのとき私が話をしたら、橋本総理は何か言って下さっただろうかと、その後、何度も思い出すのである。

私事を連ねることをご容赦いただきたい。本書執筆の最中、繰り返し脳裏に浮かんだのは、手元にある一冊の古びた本、吉田嗣延(しえん)『小さな闘いの日々——沖縄復帰のうらばなし』であった。その後、上京した父が多大な恩を受けたのが、沖縄出身で官僚から転じて南方同胞援護会の事務局長などとして復帰運動に尽力した吉田嗣延氏で、私も幼少の頃に随分と可愛がっていただいたことを思い出す。そして当時、吉田氏が「小さな闘いの日々」で闘っていたものとは、果たして何であったのかと思うのである。吉田は同書で沖縄の本土復帰を、「この復帰こそ、日本国民、とくに沖縄県民自身が心血を注いだ復帰運動によって闘いとったものであった。決して他から与えられたものではなかった」と訴える。[*3]

県民の四人に一人が犠牲になった沖縄戦や二七年に及ぶ米軍統治を経て「復帰」した沖縄と本土との紐帯は、多くの努力と営為の積み重ねによって築かれ、培われてきたものであった。その紐帯が今日、計画の必然性すら疑わしい米海兵隊の一基地建設のために、大きくねじれようとしている。

一九九五年以降のこの「二〇年」を俯瞰してみれば、在日米軍専用施設の四分の三近くが集中し、日米安保体制の負の側面を背負ってきた沖縄に対する負担軽減の試みが、なぜ、法廷闘争や民意の分断などあらゆる手段を用いた新基地建設の強行という倒錯した事態に転じてしまったのか、その奇怪さが自ずと浮き彫りになると考えている。

この「歪められた二〇年」の実相と全体像を解き明かし、「普天間・辺野古問題」についての判断材料として世に問いたいと思い立ったわれわれに、速やかな企画成立で応じて下さった集英社新書編集部の落合勝人氏、編集作業に力を尽くして下さった西潟龍彦氏に厚く御礼を申し上げる次第である。

二〇一六年二月二四日

註

第一章

1　「朝日新聞」一九九五年一〇月二二日
2　「朝日新聞」二〇一五年一〇月一八日
3　沖縄勤務記者談、二〇一一年一〇月二一日
4　朝日新聞社編『沖縄報告　復帰後　1982〜1996年』（朝日文庫、一九九六年）二〇九頁
5　大田昌秀『沖縄の決断』（朝日新聞社、二〇〇〇年）一七九頁
6　「東京新聞」二〇一〇年四月二三日
7　「琉球新報」二〇一五年一一月九日
8　『吉元政矩（元沖縄県副知事）オーラルヒストリー』（政策研究大学院大学、二〇〇五年）七六頁
9　「琉球新報」一九九五年九月二九日
10　「琉球新報」一九九五年九月二〇日。『吉元政矩オーラルヒストリー』七五頁
11　NHK取材班『基地はなぜ沖縄に集中しているのか』（NHK出版、二〇一一年）二二一―二二三、六〇頁。
12　『基地はなぜ沖縄に集中しているのか』三三―三四頁
13　阿波根昌鴻『写真記録　人間の住んでいる島』（阿波根昌鴻、一九八二年）一六六頁
14　澤岻安一の手記、『基地はなぜ沖縄に集中しているのか』四二頁

15　『沖縄の決断』一五九頁
16　『沖縄の決断』一六三―一六四頁
17　『沖縄の決断』一六〇―一六一頁
18　『沖縄の決断』一二頁
19　『沖縄の決断』一二三―一二四頁
20　『沖縄の決断』一五九―一六三頁
21　「朝日新聞」一九八五年七月二〇日
22　船橋洋一『同盟漂流』（岩波書店、一九九七年）二九頁
23　平良好利氏インタビュー、「ダイヤモンド・オンライン」二〇一五年七月一四日
24　『沖縄の決断』一七八―一七九頁
25　『同盟漂流』三―四頁
26　『同盟漂流』五一三―五一四頁
27　秋山昌廣「普天間が返還される。口外するな」『61人が書き残す　政治家　橋本龍太郎』（「政治家　橋本龍太郎」編集委員会編、文藝春秋企画出版部、二〇一二年）二六四頁
28　古川貞二郎「普天間返還合意は「これぞ政治」」『61人が書き残す　政治家　橋本龍太郎』二四六頁
29　五百旗頭真・宮城大蔵編『橋本龍太郎外交回顧録』（岩波書店、二〇一三年）七一頁
30　同回顧録を編纂する際に、橋本氏ご本人はすでに他界していたので橋本氏本人に対して、確認等の作業を行うことができなかったことを、同回顧録の編者の一人（宮城）として付言しておく。

31　「琉球新報」二〇一五年一一月九日
32　『沖縄の決断』二〇七―二〇八頁
33　『同盟漂流』五一四頁
34　『吉元政矩オーラルヒストリー』九八頁
35　『吉元政矩オーラルヒストリー』九八頁。「朝日新聞」一九九六年六月二三日
36　『橋本龍太郎外交回顧録』一六八頁
37　「普天間が返還される。口外するな」『61人が書き残す　政治家　橋本龍太郎』二六三頁
38　田中均「田中さん、良い仕事をさせてくれて有難う」『61人が書き残す　政治家　橋本龍太郎』二七〇頁
39　森本敏『普天間の謎』（海竜社、二〇一〇年）五三頁
40　田中均『外交の力』（日本経済新聞出版社、二〇〇九年）八二頁
41　『橋本龍太郎外交回顧録』七〇―七一頁
42　「朝日新聞」一九九九年一一月一一日
43　秋山昌廣『日米の戦略対話が始まった』（亜紀書房、二〇〇二年）一九二―一九三頁
44　「朝日新聞」一九九六年四月一三日
45　「朝日新聞」一九九六年四月一六日
46　「朝日新聞」一九九六年四月一三日
47　「日本経済新聞」一九九六年四月一九日

48 「朝日新聞」一九九六年九月一四日
49 『沖縄の決断』二四二頁
50 『沖縄の決断』二四三―二四四頁
51 「朝日新聞」一九九七年四月一八日
52 『沖縄の決断』二五六頁
53 『吉元政矩オーラルヒストリー』九九―一〇一頁
54 『普天間の謎』一二〇―一二一頁
55 『同盟漂流』一九四―二〇一頁。『普天間の謎』一二二頁
56 「読売新聞」一九九六年八月二日
57 『同盟漂流』五一五頁
58 『橋本外交回顧録』六四頁
59 『橋本外交回顧録』一〇三頁
60 「普天間が返還される。口外するな」『61人が書き残す　政治家　橋本龍太郎』二六五頁
61 折田正樹『外交証言録　湾岸戦争・普天間問題・イラク戦争』（岩波書店、二〇一三年）二〇八頁
62 『日米の戦略対話が始まった』二〇七―二〇八頁
63 「朝日新聞」一九九九年一一月一二日
64 秋山昌廣への聞き取り、二〇一五年一二月二二日
65 「毎日新聞」一九九八年一一月一九日

66 『日米の戦略対話が始まった』二〇七頁
67 「朝日新聞」一九九六年九月一八日、一〇月五日、一一月二一日
68 「朝日新聞」一九九七年一月一七日
69 「朝日新聞」一九九七年一月二一日
70 『沖縄の決断』二五三頁
71 「朝日新聞」一九九七年三月一九日
72 『沖縄の決断』二五四頁
73 「朝日新聞」一九九七年一二月六日
74 新崎盛暉『沖縄現代史』(岩波新書、二〇〇五年)一八四―一八六頁
75 「朝日新聞」一九九七年一一月二二日
76 「朝日新聞」一九九七年一二月七日
77 「朝日新聞」一九九七年一二月二五日。沖縄タイムス社編『民意と決断』(沖縄タイムス社、一九九八年)一四二頁
78 『民意と決断』一四二頁。普天間基地移設10年史出版委員会編著『決断　普天間飛行場代替施設問題10年史』(北部地域振興協議会、二〇〇八年)五一頁
79 『沖縄の決断』二七六頁
80 『沖縄の決断』二七七―二七八頁
81 『決断　普天間飛行場代替施設問題10年史』五二頁

82 『沖縄の決断』二七八―二八〇頁。『民意と決断』一四〇頁
83 「沖縄タイムス」一九九七年一二月二五日
84 「読売新聞」一九九七年一二月二五日
85 「読売新聞」一九九七年一二月二五日
86 『民意と決断』一五一頁
87 『民意と決断』一六〇頁。『同盟漂流』一五七頁
88 『橋本外交回顧録』六六頁
89 『外交証言録 湾岸戦争・普天間問題・イラク戦争』一九六―一九七頁
90 『外交証言録 湾岸戦争・普天間問題・イラク戦争』一九六頁
91 『外交証言録 湾岸戦争・普天間問題・イラク戦争』一九八頁
92 『外交証言録 湾岸戦争・普天間問題・イラク戦争』二〇〇頁
93 『外交の力』七九―八〇頁
94 『同盟漂流』五五頁
95 『日米の戦略対話が始まった』一九七―一九八頁
96 「朝日新聞」一九九六年六月一七日
97 「朝日新聞」一九九六年六月一九日
98 「朝日新聞」一九九九年一一月一一日
99 『橋本外交回顧録』一〇五頁、一六九頁

100 「朝日新聞」一九九六年六月一九日
101 「東京新聞」二〇一五年四月二六日
102 『日米の戦略対話が始まった』二〇五頁
103 東京財団政治外交検証研究会・公開研究会での発言、二〇一五年五月二六日
104 「朝日新聞」一九九八年九月一七日
105 「毎日新聞」一九九八年一一月一七日、一一月二四日
106 「毎日新聞」一九九九年一二月二八日

第二章

1 「朝日新聞」二〇〇四年八月一四日
2 「毎日新聞」二〇〇四年八月二六日
3 「朝日新聞」二〇〇四年八月一七日
4 森本敏『普天間の謎』二一〇―二一六頁
5 久江雅彦『米軍再編』（講談社現代新書、二〇〇五年）八二―八四頁
6 屋良朝博『砂上の同盟』（沖縄タイムス社、二〇〇九年）六一頁
7 『普天間の謎』二三七―二四七頁
8 守屋武昌『「普天間」交渉秘録』（新潮社、二〇一〇年）六二頁
9 『「普天間」交渉秘録』三九―四〇頁

10　「毎日新聞」二〇〇六年一月二八日。額賀福志郎『政治はゲームではない』（産経新聞出版、二〇一〇年）七八―七九頁
11　「毎日新聞」二〇〇五年一〇月二七日
12　『普天間の謎』二四八―二五八頁
13　「朝日新聞」二〇〇五年一一月八日
14　「朝日新聞」二〇〇五年一〇月五日
15　「朝日新聞」二〇〇五年一〇月五日
16　「朝日新聞」二〇〇五年一二月一八日
17　『米軍再編』一三一―一三四頁
18　渡辺豪『「アメとムチ」の構図』（沖縄タイムス社、二〇〇八年）二八頁
19　『「アメとムチ」の構図』四三頁
20　「朝日新聞」二〇〇五年一一月七日
21　「朝日新聞」二〇〇六年一月一六日
22　『「アメとムチ」の構図』四〇―四二頁
23　『普天間の謎』二六六―二六八、二八一―二八二頁
24　『「普天間」交渉秘録』。『「アメとムチ」の構図』五二、六三頁
25　『「アメとムチ」の構図』二五頁
26　『「アメとムチ」の構図』五三―六三頁

27 「朝日新聞」二〇〇六年三月二八日
28 「朝日新聞」二〇〇六年四月八日
29 「朝日新聞」二〇〇六年四月八日。「毎日新聞」二〇〇六年四月八日
30 「朝日新聞」二〇〇六年四月八日
31 「朝日新聞」二〇〇六年五月五日
32 『米軍再編』九〇―九二頁
33 「朝日新聞」二〇〇六年五月一一日
34 『「アメとムチ」の構図』一〇五―一〇六頁
35 『「アメとムチ」の構図』三四―三五頁
36 「朝日新聞」二〇〇六年五月三〇日
37 「朝日新聞」二〇〇六年五月三〇日
38 「朝日新聞」二〇〇六年六月二八日
39 「沖縄タイムス」二〇一三年一二月二二日
40 「沖縄タイムス」二〇一三年一二月二二日
41 「毎日新聞」二〇一五年八月二五日
42 『「アメとムチ」の構図』一六五頁
43 『「アメとムチ」の構図』一三七―一三八、一五一頁
44 『「普天間」交渉秘録』一九二頁

45 『「普天間」交渉秘録』一八一頁
46 『「アメとムチ」の構図』一五二頁

第三章

1 毎日新聞政治部『琉球の星条旗』（講談社、二〇一〇年）四七―四八頁
2 鳩山由紀夫「民主党　私の政権構想」『文藝春秋』一九九六年一一月号
3 「毎日新聞」二〇〇九年九月二〇日。読売新聞政治部『民主党　迷走と裏切りの300日』（新潮社、二〇一〇年）五九頁
4 「朝日新聞」一九九九年六月一八日
5 『琉球の星条旗』五〇頁
6 安倍内閣総理大臣記者会見、二〇〇七年九月一二日
7 読売新聞政治部『真空国会』（新潮社、二〇〇八年）二三〇―二三二頁。「毎日新聞」二〇〇七年一二月一二日。「読売新聞」二〇〇七年一一月四日
8 「毎日新聞」二〇〇九年七月一七日、八月三一日
9 山口二郎・中北浩爾編『民主党政権とは何だったのか』（岩波書店、二〇一四年）一〇〇頁
10 『民主党政権とは何だったのか』九七頁
11 『琉球の星条旗』九二―九三頁
12 『民主党政権とは何だったのか』一〇九頁。「毎日新聞」二〇〇九年一〇月一一日。「日本経済新聞」

二〇〇九年一〇月一〇日
13 『琉球の星条旗』一二三頁
14 『琉球の星条旗』一二四―一二七頁。『民主党　迷走と裏切りの300日』六八頁。「日本経済新聞」二〇〇九年一一月一四日。「朝日新聞」二〇一五年一一月一九日
15 後藤謙次『ドキュメント平成政治史3』（岩波書店、二〇一四年）二四八頁
16 「日本経済新聞」二〇〇九年一一月一五日、一一月一八日
17 「日本経済新聞」二〇〇九年一一月一六日
18 『琉球の星条旗』一一四頁。「朝日新聞」二〇〇九年一一月七日
19 『琉球の星条旗』一五七頁
20 「日本経済新聞」二〇〇九年一一月六日
21 半田滋『ドキュメント防衛融解』（旬報社、二〇一〇年）九一―九三頁
22 『琉球の星条旗』六五―六六頁
23 『ドキュメント防衛融解』一〇一頁
24 「毎日新聞」二〇〇九年一一月二日。『琉球の星条旗』一〇四頁
25 『民主党政権とは何だったのか』一一一頁
26 『琉球の星条旗』八四―八五、一一三―一一四頁
27 「毎日新聞」二〇〇九年一二月七日
28 『琉球の星条旗』一一三―一一四頁

29 「毎日新聞」二〇〇九年一一月四日。『琉球の星条旗』一〇六―一〇七頁
30 『琉球の星条旗』一三七頁
31 「朝日新聞」二〇〇九年一二月三一日。「毎日新聞」二〇〇九年一二月七日
32 『民主党　迷走と裏切りの300日』八四頁
33 『琉球の星条旗』一五四―一五五頁。森本敏『普天間の謎』三九九頁
34 『琉球の星条旗』一五五頁
35 『琉球の星条旗』一五五頁
36 「日本経済新聞」二〇〇九年一二月一九日
37 「日本経済新聞」二〇〇九年一二月二二日
38 「日本経済新聞」二〇〇九年一二月二三日
39 渡辺豪『日本はなぜ米軍をもてなすのか』（旬報社、二〇一五年）一〇―一一頁。「沖縄タイムス」二〇一五年七月四日
40 『琉球の星条旗』一五六頁
41 『琉球の星条旗』一六七―一九〇頁
42 『民主党政権とは何だったのか』一〇四頁
43 「朝日新聞」二〇一〇年五月五日、六日
44 『民主党政権とは何だったのか』一〇三―一〇五頁。「六五マイル」はこの時の実際の説明では「六五海里（約一二〇キロ）」。

45 「琉球新報」二〇一三年一一月二七日

46 鳩山由紀夫講演、日本記者クラブ、二〇一六年二月四日。「朝日新聞」二〇一六年二月二三日

47 『民主党政権とは何だったのか』一〇三―一〇七頁

48 『ドキュメント平成政治史3』二七九頁

49 「朝日新聞」二〇一二年一一月二四日

50 新崎盛暉『日本にとって沖縄とは何か』（岩波書店、二〇一六年）一五一頁

51 沖縄県ホームページ
http://www.pref.okinawa.lg.jp/site/kikaku/chosei/kikaku/yokuaru-yosan.html

第四章

1 「沖縄タイムス」二〇一三年一二月二六日

2 「沖縄タイムス」二〇一二年一〇月二八日

3 「沖縄タイムス」二〇一二年一一月二五日

4 具体的には「傷ついた日米当局間の信頼をどう回復するつもりなのか」（朝日）、「普天間問題を日米同盟全体を揺るがす発火点にしてはならない」（毎日）、「安保にかかわる米軍基地問題に関して、県民の意向にだけ委ねるような姿勢は危険である」（読売）といった様相であった。「沖縄タイムス」二〇一〇年七月三一日

5 「沖縄タイムス」二〇一〇年七月三〇日

6　新崎盛暉『新崎盛暉が説く構造的沖縄差別』（高文研、二〇一二年）七頁
7　「琉球新報」二〇一五年七月七日
8　「沖縄タイムス」二〇一三年七月一八日
9　「沖縄タイムス」二〇一三年七月一八日
10　「沖縄タイムス」二〇一三年五月六日
11　「朝日新聞」二〇一三年一二月二一日
12　琉球新報「日米廻り舞台」取材班『普天間移設　日米の深層』（青灯社、二〇一四年）一一二頁
13　渡辺豪「中央集権を『抱きしめる』意識は自分たちの内側にもあった」『Journalism』二〇一四年二月号（朝日新聞出版）
14　「沖縄タイムス」二〇一三年一二月二六日
15　『普天間移設　日米の深層』一三四頁
16　「中央集権を『抱きしめる』意識は自分たちの内側にもあった」
17　『普天間移設　日米の深層』一一一頁
18　「沖縄タイムス」二〇一五年一〇月一日
19　「琉球新報」二〇一五年八月二七日
20　「朝日新聞」二〇一四年二月二〇日
21　渡辺豪「政府は都合の悪い情報を隠ぺいする　オスプレイ問題の検証でわかったこと」『Journalism』二〇一三年一二月号

22　渡辺豪『「アメとムチ」の構図』一三三頁
23　「朝日新聞」二〇一二年一一月二四日
24　「沖縄タイムス」二〇一四年一月一四日
25　「沖縄タイムス」二〇一四年一月一七日
26　『普天間移設　日米の深層』一一〇頁
27　『普天間移設　日米の深層』一三三―一三四頁
28　「沖縄タイムス」二〇一四年七月五日
29　「沖縄タイムス」二〇一四年九月一七日
30　「沖縄タイムス」二〇一四年九月一四日
31　「沖縄タイムス」二〇一四年一〇月二八日
32　「沖縄タイムス」二〇一四年一一月一八日
33　「共同通信」二〇一四年一一月三〇日配信
34　「毎日新聞」二〇一五年四月七日
35　「朝日新聞」二〇一五年四月七日
36　櫻澤誠『沖縄現代史』（中公新書、二〇一五年）一〇一頁
37　「沖縄タイムス」二〇一五年八月三〇日
38　翁長雄志『戦う民意』（角川書店、二〇一五年）三二頁
39　『戦う民意』三一、六二頁

40 「沖縄タイムス」二〇一五年九月八日
41 「沖縄タイムス」二〇一五年一〇月三〇日
42 「沖縄タイムス」二〇一五年一〇月二九日
43 「沖縄タイムス」二〇一五年一一月二日
44 「共同通信」二〇一四年一〇月一六日配信
45 「沖縄タイムス」二〇一五年一一月一一日
46 「共同通信」二〇一六年三月四日配信
47 「沖縄タイムス」二〇一五年一〇月三一日
48 「毎日新聞」二〇一五年三月三一日

終章

1 「朝日新聞」二〇一五年一二月一九日
2 翁長雄志『戦う民意』一二三頁
3 平井康嗣・野中大樹『国防政策が生んだ沖縄基地マフィア』(七つ森書館、二〇一五年) 二〇〇頁
4 「沖縄タイムス」二〇一六年一月一日
5 Memorandum for the Record, April 9, 1958, *Foreign Relations of the United States, 1958-1960*, vol. XVIII.
6 「朝日新聞」一九九六年四月一三日

7　「琉球新報」一九九五年一〇月一二日
8　『戦う民意』六頁
9　橋本晃和『「普天間」を終わらせるために』（桜美林学園出版部、二〇一四年）四五頁
10　五百旗頭真・宮城大蔵編『橋本龍太郎外交回顧録』一五七頁
11　「朝日新聞」一九九六年一一月一九日
12　「毎日新聞」二〇〇九年一一月四日
13　春原剛『暗闘　尖閣国有化』（新潮社、二〇一三年）一四六頁
14　「朝日新聞」二〇一六年一月三一日
15　「朝日新聞」二〇一四年一二月八日
16　ジョン・マクマナス米マイアミ大学教授談、ロイター、二〇一五年六月二六日
17　『国防政策が生んだ沖縄基地マフィア』一九六頁

おわりに

1　井上亮「天皇陛下の沖縄への思いを我々はどれだけ理解しているか」『新潮45』二〇一四年八月号
2　髙良政勝「天皇皇后両陛下　対馬丸記念館ご訪問」『阪大歯学部同窓会報』第一一四号（二〇一四年一〇月）
3　吉田嗣延『小さな闘いの日々―沖縄復帰のうらばなし』（文教商事、一九七六年）二四八頁

関連年表　普天間・辺野古をめぐる政府と沖縄の二〇年

アメリカ大統領	ビル・クリントン
首相	村山富市 → 橋本龍太郎
沖縄県知事	大田昌秀

年	月日	出来事
1995年	9月28日	大田昌秀知事が県議会で米軍基地強制使用のための代理署名拒否を表明
	12月7日	国が県知事を被告とする代理署名（職務執行命令）訴訟を福岡高裁那覇支部に提起
1996年	4月12日	橋本首相－モンデール駐日米大使が普天間基地の5～7年以内の全面返還を発表
	8月28日	代理署名訴訟で県の敗訴が確定
	9月8日	県民投票で89％（有権者の53％）が基地縮小に賛成
	12月2日	SACO最終報告に「沖縄本島東海岸沖」に普天間の代替施設が盛り込まれる
1997年	12月21日	名護市民投票で条件付きを含む反対派が過半数を占める
	12月24日	比嘉鉄也名護市長が投票結果を覆し、海上ヘリ基地を受け入れ、辞職を表明
1998年	2月6日	大田知事、海上ヘリポート建設の受け入れ拒否を表明
	2月8日	名護市長選で岸本建男氏が初当選

（米大統領）		ジョージ・ブッシュ	バラク・オバマ

（首相）	小渕恵三	森喜朗	小泉純一郎	安倍晋三	福田康夫	麻生太郎

（県知事）	稲嶺恵一	仲井真弘多

年	月日	出来事
	11月15日	県知事選で軍民共用空港案を公約とした稲嶺恵一氏が初当選
1999年	11月22日	稲嶺知事が名護市辺野古沿岸域を普天間の移設先と発表
	12月27日	岸本名護市長が条件付きで移設受け入れ表明
2002年	11月17日	稲嶺知事再選
2003年	11月16日	ラムズフェルド米国防長官が普天間基地を視察し、危険性を指摘
2004年	8月13日	沖縄国際大学構内に普天間基地を離陸した米海兵隊のCH―53大型ヘリコプターが墜落、炎上
2006年	1月22日	名護市長選で沿岸案に柔軟姿勢を示す島袋吉和氏が初当選
	4月7日	名護市辺野古のキャンプ・シュワブ沿岸部に2本の滑走路をV字形に建設する現行計画で、政府と名護市と宜野座村が基本合意
	11月19日	県知事選で現行計画を容認せず、「沖合移動」を求めた仲井真弘多氏が初当選
2008年	3月15日	防衛省がキャンプ・シュワブで環境影響評価の調査に着手
	7月18日	県議会が辺野古沿岸への新基地建設に反対する決議・意見書を賛成多数で可決
2009年	2月17日	中曽根弘文外相とクリントン米国務長官が、普天間移設など在日米軍再編の実施を確認し、日本側の資金拠出などを盛り込んだグアム移転協定に署名
	8月30日	衆院選で民主党が308議席を獲得し、政権交代が確定

米大統領	首相	沖縄県知事
バラク・オバマ	鳩山由紀夫	仲井真弘多
バラク・オバマ	菅直人	仲井真弘多

年	月日	出来事
2009年	11月8日	辺野古新基地建設と県内移設に反対する県民大会に2万1000人が参加
	12月15日	鳩山由紀夫首相が辺野古移設以外の案を本格検討すると表明
2010年	1月24日	名護市長選で普天間基地の辺野古移設に反対し、県外・国外を掲げた稲嶺進氏が初当選
	2月24日	県議会が普天間基地の国外・県外移設を求める意見書を全会一致で可決
	4月25日	普天間基地の国外・県外移設を求める県民大会が開かれ、約9万人が参加
	5月4日	鳩山首相が来県し、県内移設表明
	5月28日	日米両政府が普天間の移設先を「キャンプ・シュワブの名護市辺野古崎地区と隣接する水域」とする共同声明を発表
	6月2日	普天間移設先が辺野古に回帰した引責で鳩山首相が退陣を表明
	10月16日	仲井真知事が11月の知事選の出馬会見で「普天間の県外移設を求める」と初めて明言
	11月28日	県知事選で県外移設を掲げた仲井真氏が伊波洋一氏を破り再選。宜野湾市長選は伊波氏の後継、安里猛氏が初当選
2011年	6月21日	日米安全保障協議委員会(2プラス2)で、辺野古に建設する普天間の代替施設を埋め立て工法によるV字形滑走路に決定
	12月28日	午前4時過ぎ、沖縄防衛局の職員が評価書16部の入った段ボール16箱を県庁守衛室に搬入

バラク・オバマ	
安倍晋三	野田佳彦
仲井真弘多	

2012年

- 2月12日　宜野湾市長選で佐喜真淳が初当選。
- 4月27日　2プラス2共同文書発表。辺野古案を「これまでに特定された唯一の有効な解決策」と記述
- 12月18日　沖縄防衛局が補正後の環境影響評価書を県に提出

2013年

- 1月28日　県内全41市町村の代表らが普天間基地の県内移設断念などを求める「建白書」を安倍首相に提出
- 2月2日　安倍首相が来県。辺野古推進を表明
- 3月22日　沖縄防衛局が辺野古移設に向けた公有水面埋め立て申請書を県に提出
- 4月3日　菅官房長官が就任後初来県。仲井真知事は「辺野古は時間がかかる」と県外を求めた
- 4月5日　日米が嘉手納基地より南の6施設・区域の統合計画に合意。普天間は辺野古を前提に「2022年度またはその後に返還」と表記
- 11月25日　自民党の県関係国会議員5人が石破茂幹事長と会談。「辺野古を含むあらゆる可能性を排除しない」と確認
- 11月27日　自民党県連が議員総会で辺野古移設を容認する方針を決定
- 12月27日　仲井真知事が埋め立て申請を承認

2014年

- 1月19日　名護市長選で辺野古移設反対の稲嶺進氏が再選。移設推進の自民推薦候補を破る

バラク・オバマ			
安倍晋三			
仲井真弘多	2014年	8月18日	沖縄防衛局が辺野古の海底ボーリング調査を開始。本格的な海上作業は埋め立て承認後初めて
		11月16日	県知事選で新基地建設阻止を掲げる新人の翁長雄志氏が、辺野古推進の仲井真氏を破り当選
翁長雄志	2015年	2月16日	翁長知事が沖縄防衛局に海底面の現状変更停止などを指示
		3月12日	沖縄防衛局が辺野古の海底ボーリング調査を再開。前年9月以来
		3月23日	翁長知事が岩礁破砕許可条件に基づき、沖縄防衛局へ海底面を変更する全ての作業に対し停止指示
		3月24日	沖縄防衛局が翁長知事の指示を違法として、無効を求める審査請求書と執行停止申立書を林芳正農林水産相に提出
		3月30日	林農水相が、翁長知事による停止指示の効力を一時的に止めることを決定
		4月27日	日米が安全保障協議委員会（2プラス2）の共同文書を発表。辺野古が唯一の解決策と再確認
		5月17日	新基地建設断念を求める県民大会に3万5000人（主催者発表）が参加。翁長知事も出席
		5月27日～6月5日	翁長知事が訪米し、米政府関係者らへの辺野古新基地建設反対を訴える
		7月16日	埋め立て承認の法的手続きを検証する第三者委員会が「瑕疵あり」とした報告書を翁長知事に報告

バラク・オバマ	
安倍晋三	
8月10日～9月9日	国と県が集中協議するも溝は埋まらず。すべての作業を中断
9月21日	翁長知事がスイスの国連人権理事会で基地の過重負担を訴える
10月13日	翁長知事が埋め立て承認取り消しを沖縄防衛局に通知
10月27日	国交相が知事の取り消し処分の効力の一時停止を決定し、代執行の手続き開始を表明
10月29日	沖縄防衛局が本体工事に着手と発表
11月17日	国が代執行訴訟を福岡高裁那覇支部に提起
12月2日	代執行訴訟の第一回口頭弁論で翁長知事が意見陳述
12月25日	沖縄県が国に「埋め立て承認取り消しの執行停止」決定の取り消しを求める抗告訴訟を那覇地裁に提起
2016年	
1月24日	宜野湾市長選で自公推薦の現職・佐喜間淳氏が、翁長県政与党支援の新人・志村恵一郎氏を破り、再選
2月1日	沖縄県の審査申し出を却下した国地方係争処理委員会の決定を不服として、沖縄県が国を福岡高裁那覇支部に提訴
3月4日	代執行訴訟で国と沖縄の和解成立

（「沖縄タイムス」2015年12月3日の年表をもとに編集部にて独自に作成）

宮城大蔵（みやぎ たいぞう）

一九六八年生まれ。上智大学教授（国際政治史・日本外交）。著書に『戦後アジア秩序の模索と日本』（第27回サントリー学芸賞、第1回中曽根康弘賞）、『「海洋国家」日本の戦後史』、編著に『戦後日本のアジア外交』、共編に『橋本龍太郎外交回顧録』など。

渡辺 豪（わたなべ つよし）

一九六八年生まれ。ジャーナリスト。「毎日新聞」記者、「沖縄タイムス」で記者・論説委員を経てフリー。著書に『「アメとムチ」の構図』（平和・協同ジャーナリスト基金奨励賞）、『日本はなぜ米軍をもてなすのか』、共著に『波よ鎮まれ』など。

普天間・辺野古 歪められた二〇年

集英社新書〇八三一A

二〇一六年四月二〇日 第一刷発行

著者……宮城大蔵／渡辺 豪

発行者……加藤 潤

発行所……株式会社集英社

東京都千代田区一ツ橋二-五-一〇 郵便番号一〇一-八〇五〇

電話 〇三-三二三〇-六三九一（編集部）
〇三-三二三〇-六〇八〇（読者係）
〇三-三二三〇-六三九三（販売部）書店専用

装幀……原 研哉

印刷所……凸版印刷株式会社

製本所……加藤製本株式会社

定価はカバーに表示してあります。

ISBN 978-4-08-720831-3 C0231

Printed in Japan

a pilot of wisdom

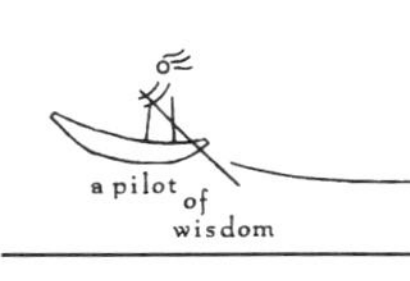
a pilot of wisdom